U0871762

教育
机
系列教材

C语言程序设计案例教程

李东亮◎主　编

张彦锋　王海花◎副主编

卢　贝　袁文鸣　吴珅珅◎参　编

王　洋　王家威　逯春萌　牛晓飞

同济大学出版社
TONGJI UNIVERSITY PRESS
·上海·

内 容 提 要

本书将具体的案例贯穿整个教学过程，每个教学模块都有针对性地从案例引入，根据案例需求进行知识讲解，由浅入深地逐步补充和完善程序设计，主要内容包括初识C语言、C程序数据描述与计算、顺序结构程序设计、选择结构程序设计、循环结构程序设计、应用数组程序设计、应用函数程序设计、应用指针程序设计、结构体和其他构造类型、文件。书中特别设置了全国计算机等级考试(二级C语言)的考试真题、重难点解析及思考与练习，便于读者掌握C语言程序设计中的知识点。本书还附有配套PPT课件、习题答案及代码数据供读者参考。

本书可作为高等职业院校C语言课程的教材，也可以作为全国计算机等级考试参考书，还可供自学者学习参考。

图书在版编目(CIP)数据

C语言程序设计案例教程 / 李东亮主编. —上海：同济大学出版社，2021

ISBN 978-7-5765-0029-5

Ⅰ. ①C… Ⅱ. ①李… Ⅲ. ①C语言—程序设计—教材 Ⅳ. ①TP312.8

中国版本图书馆CIP数据核字(2021)第266595号

C语言程序设计案例教程

李东亮 **主 编**

张彦锋 王海花 **副主编**

责任编辑 张 莉
助理编辑 屈斯诗
责任校对 徐逢乔
封面设计 渲彩轩
出版发行 同济大学出版社 www.tongjipress.com.cn
(地址：上海市四平路1239号 邮编：200092 电话：021-65985622)
经 销 全国各地新华书店
排 版 南京文脉图文设计制作有限公司
印 刷 上海颛辉印刷厂有限公司
开 本 787mm×1092mm 1/16
印 张 17.25
字 数 431 000
版 次 2021年12月第1版
印 次 2024年8月第2次印刷
书 号 ISBN 978-7-5765-0029-5

定 价 69.00元

前 言

配套电子资源

C 语言程序设计是计算机类各专业的基础课程之一。本书基于软件开发流程和行业实用技术配合课程的职业知识、职业能力和职业素质目标，在总结多年程序设计教学与开发经验及成果的基础上，以软件开发工作过程为主线，以案例和项目任务为载体，集程序设计思想与具体实践于一体，兼顾 C 语言程序设计的特点和职业院校学生学习的认知规律，强调渐进的程序设计过程，知识丰富、内容适度、理实一体。

本书主要从培养软件设计与应用高级技能型人才的职业需求出发，着重体现对学生结构化程序设计思想和模块化设计理念的培养，突出实际应用中软件设计基本能力的提高，强化人才培养的实用性。

本书的特点主要有以下 4 个方面。

(1) 根据近年来各大院校将“C 语言程序设计”作为计算机类专业基础课程的授课原则，将教材内容进行适当缩减，突出基本能力的训练。语言更加简练，内容更加实用。

(2) 根据 IT 技能型人才未来的发展方向，在大部分模块中设置了实例与练习，增强教材实用性。

(3) 根据近年来计算机等级考试的要求，在每一模块后设置了等级考试的部分内容。

(4) 根据全国计算机等级考试(二级 C 语言)的要求，介绍了 Visual C++ 2010 学习版开发环境。

本书精心设计了简单、有代表性、涵盖知识较为全面的案例，将项目划分成多个学习性的工作任务，使学生可以随着知识的不断深入逐步补充和完善程序的功能，从而在整个教学过程中培养其开发和设计应用程序的能力。另外，每个模块的知识点讲解尽可能简明扼要，将大部分教学内容用实例的形式进行组织。在案例学习过程中，学生可逐步掌握基本概念、语法规则，正确设计和编写程序。书中附加了技能训练，以加强学生的程序设计理念，培养学生扎实的代码编写能力。每个模块最后都根据全国计算机等级考试(二级 C 语言)的历年考点，对试题中涉及该模块的重难点与真题进行解析，将国家认证的学习融于课程中，达到加强专业实践能力及获取认证能力的双赢。

本书由焦作大学和北京新大陆时代科技有限公司联合编写，焦作大学的李东亮和北京新大陆时代科技有限公司的袁文鸣和牛晓飞共同制定了编写规范和内容提纲，并参与了统稿、审稿工作。李东亮任主编，张彦锋、王海花任副主编。其中李东亮编写了模块 7、模块 8 及附录,张彦锋编写了模块 4,王海花编写了模块 6,吴珅珅编写了模块 5,王洋编写了模块 3,王家威编写了模块 2,卢贝编写了模块 9,逯春萌编写了模块 1、模块 10。

由于编者水平有限,书中的疏漏和不足之处在所难免,敬请广大读者不吝指正。

编者

2021 年 5 月

目录

模块 1 初识 C 语言

案例引入——学生宿舍信息管理系统登录界面

任务描述

（1）安装 C 编译器（如 Visual C++、Dev-C++、Borland Turbo C、Win-TC、Turbo C/C++ for Windows 集成实验与学习环境等），了解所安装 C 编译器的基本使用方法与特点。

（2）使用 C 编译器编辑、编译和执行简单 C 程序。

（3）设计"学生宿舍信息管理系统"的登录界面程序。

任务目标

（1）能够掌握 C 程序的构成。

（2）能够应用某种 C 集成编译器进行 C 程序的编辑、编译和执行。

（3）能够根据系统提示进行操作、检错和纠错，培养自我学习的能力。

（4）能够不断积累程序设计过程中出现的英文词汇，会认、会读、会写和会用。

源代码展示

```
#include <stdio.h>
#include <string.h>
int login()    /*输入密码登录系统,若三次输入不正确,则退出*/
{
  char secretCode[7], ch;
  int i, number=3;
  printf("\n\n\n");
  printf("\t\t\t*******欢迎使用学生宿舍信息管理系统*******\n");
  printf("\n\n");
  while(number > 0)
  {
```

```
    i = 0;
    printf("\n\t\t\t 请输入密码:");
    while((ch=getch()) != 13)
    {
        secretCode[i++] = ch;
        printf(" * ");
    }
  secretCode[i] = '\0';
  if(strcmp(secretCode, "888888") == 0) break;
  else
  {
  number--;
  if(number <= 0) break;
  printf("\n\n\t\t\t 您还有%d 次机会\n", number);
  }
  }
  if(number>0) return 1;
  else return 0;
}

mainMenu()      /* 系统主菜单,需要以后添加 */
{
  system("cls");
  printf("\n\n\n\t\t\t    * * * * * 学生宿舍信息管理系统 * * * * * \n");
  getch();
}

main()
{
  if(!login())
  {
      printf("\n\n\t\t 很遗憾,欢迎您下次再来! \n");
      return 1;
  }
  do
  {
    mainMenu();
  }while(1);
}
```

运行结果

程序运行结果如图 1-1 所示。

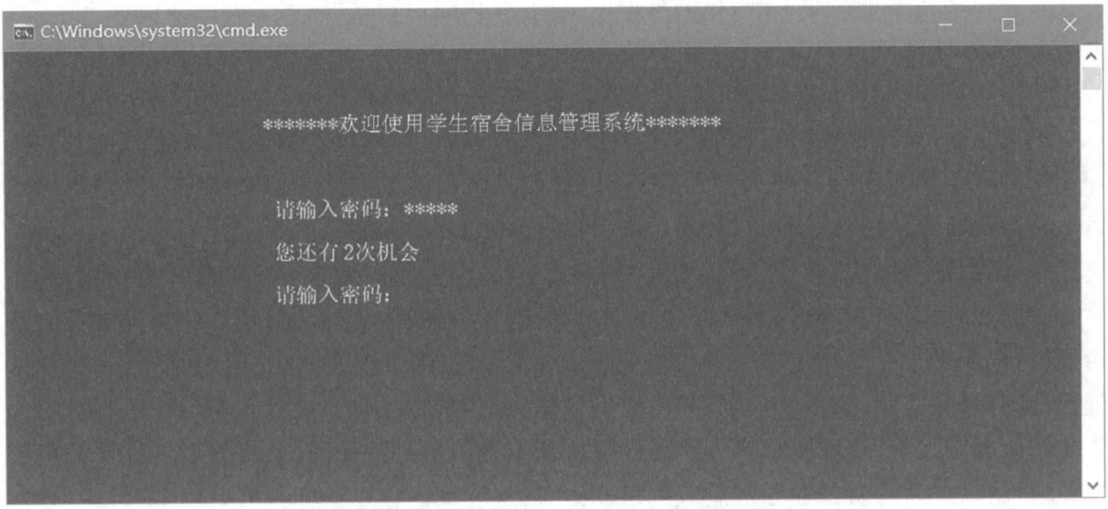

图 1-1　“学生宿舍信息管理系统”界面设计程序运行结果

程序分析

本程序由主函数 main 和两个名为 login、mainMenu 的函数构成。login 函数实现密码登录界面设计；mainMenu 是主菜单，需要以后补充。主函数调用两个函数实现相关操作。

知识讲解

C 语言是国际上广泛流行的计算机高级语言，其语法简洁、紧凑，使用方便、灵活，具有丰富的运算符和数据类型，自定义类型也十分灵活。C 程序的模块化主要通过函数来实现。由于 C 语言既有高级语言的功能，又有低级语言的一些功能，所以它既可以用来编写系统软件，也可以用来编写应用软件。C 语言在操作系统、工具软件、图形图像处理软件、数值计算、人工智能及数据库系统等多个领域都得到了广泛的应用。目前，许多开发工具，如微软的 Visual C++、C#及 Java 等都遵循标准 C 语言的基本语法；很多嵌入式系统都采用 C 语言来开发。

1.1 C 语言简介

目前，人们使用的程序设计语言有上百种，它们中的大多数被称为计算机的“高级语言”。C 语言是近年来非常流行的程序设计语言，是一种面向过程的通用程序设计语言。

1.1.1 计算机语言概述

计算机语言的种类非常多，总的来说，可以分成机器语言、汇编语言和高级语言三大类。

1. 机器语言

机器语言是由 0、1 组成的机器指令的集合，是第一代计算机语言。计算机所使用的是由 0 和 1 组成的二进制数，二进制是计算机语言的基础。计算机发明之初，人们只能写出一串串由 0 和 1 组成的指令序列交由计算机执行，这种计算机能够认识的语言，就是机器语言。机器语言难读、难记、难写，容易出错，且不同机型互不兼容。

2. 汇编语言

为了减轻使用机器语言编程的烦琐，人们进行了一种有益的改进，用一些简洁的英文字母、符号串来替代一个特定指令的二进制串。例如，用 ADD 代表加法，用 MOV 代表数据传递等，使程序更直观，易于阅读和理解，也更容易实现纠错及维护，这种程序设计语言被称为汇编语言，即第二代计算机语言。然而计算机是不认识这些符号的，这就需要一个专门的程序，负责将这些符号翻译成二进制数的机器语言，这种翻译程序被称为汇编程序。

汇编语言同样十分依赖于机器硬件，移植性不好，但效率很高。针对计算机特定硬件而编制的汇编语言程序，能准确发挥计算机硬件的功能和特长，程序精练且质量高，因此至今仍是一种常用且强有力的软件开发工具。

3. 高级语言

从最初与计算机交流的经历中，人们意识到，应该设计一种语言，这种语言接近于数学语言或人的自然语言，同时又不依赖于计算机硬件，编出的程序能在所有机器上通用。1954 年，第一个完全脱离机器硬件的高级语言——FORTRAN 问世了。迄今为止，共出现几百种高级语言，其中影响较大、使用较普遍的有 FORTRAN、ALGOL、COBOL、BASIC、LISP、PL/1、Pascal、C、PROLOG、C++、VC、VB、Java 等。

高级语言的发展也经历了从早期语言到结构化程序设计语言，从面向过程到非过程化程序语言的过程。相应地，软件的开发也由最初的个体手工作坊式的封闭式生产，发展为产业化、流水线式的工业化生产。

高级语言的下一个发展目标是面向应用，即只需要告诉程序你要干什么，程序就能自动生成算法，自动进行处理，这就是非过程化的程序语言。

4. 高级语言的编译过程

高级语言所编制的程序不能直接被计算机识别，必须经过转换才能被执行，按转换方式可将它们分为两类：解释类和编译类。

（1）解释类：应用程序源代码一边由相应语言的解释器翻译成目标代码，一边执行，因此效率比较低，而且不能生成可独立执行的可执行文件。应用程序不能脱离其解释器，但这种方式比较灵活，可以动态地调整、修改应用程序。

（2）编译类：编译是指在应用源程序执行之前，就将程序源代码翻译成目标代码，因此其目标程序可以脱离其语言环境独立执行,使用比较方便,效率较高。但应用程序一旦需要修改,必须先修改源代码,再重新编译生成新的目标文件才能执行。当只有目标文件而没有源代码时,修改很不方便。现在大多数的编程语言都是编译类,如 Visual Basic、Visual C++、Visual FoxPro、Delphi 等。

1.1.2　C 语言概述

1. C 语言的发展

在 C 语言诞生以前,系统软件主要是用汇编语言编写的。汇编语言程序依赖于计算机硬件,其可读性和可移植性都很差,但一般的高级语言又难以实现对计算机硬件的直接操作。直到 1970 年,美国贝尔实验室的肯·汤普森(Ken Thompson)设计出了简单而且很接近硬件的 B 语言,并用 B 语言写了第一个 UNIX 操作系统。1972 年至 1973 年,贝尔实验室的里奇(D. M. Ritchie)在 B 语言基础上设计出了 C 语言。1973 年,Ken Thompson 和 D. M. Ritchie 合作把 90%以上的 UNIX 用 C 语言改写,即 UNIX 第五版。

虽然 C 语言经历了多次改进,但主要还是在贝尔实验室内部使用。直到 1975 年 UNIX 第六版公布后,C 语言的突出优点才引起人们的注意。1977 年出现了不依赖于机器的 C 语言编译文本“可移植 C 语言编译程序”,使 C 语言移植到其他机器时所需做的工作大大简化,这也推动了 UNIX 操作系统迅速地在各种机器上的实现。1978 年以后,C 语言已先后移植到大、中、小、微型机上,已独立于 UNIX 和 PDP。

1983 年,美国国家标准化协会(ANSI)根据 C 语言问世以来各种版本对 C 语言的发展和扩充,制定了新的标准,称为 ANSI C。1987 年,ANSI 又公布了 C 语言新标准,即 87 ANSI C。1990 年,国际标准化组织(ISO)接受了 87 ANSI C 为 ISO C 的标准。目前流行的 C 编译系统都是以它为基础的,本书的叙述基本上以 87 ANSI C 为基础。

目前流行的 C 语言的编译器有 Microsoft C/C++、Borland C/C++、Visual C++ 6. 0、Win-TC、Turbo C/C++ for Windows 集成实验与学习环境等,各种版本基本部分是相同的,但略有差异,因此应了解所用计算机系统配置的 C 语言编译系统的特点和规定。

2. C 语言的特点

C 语言之所以能存在和发展,并具有生命力,是因为它有不同于其他语言的特点。C 语言的主要特点如下。

(1) 简洁、紧凑。C 语言一共只有 32 个关键字,9 种控制语句。

(2) 运算符丰富。C 语言共有 44 种运算符。它把括号、赋值、强制类型转换等都作为运算符处理,从而使 C 语言的运算类型极其丰富,表达式多样化。

(3) 具有丰富的数据类型。C 语言具有整型、实型、字符型、数组类型、指针类型、结构体类型等数据类型,能方便地构造更加复杂的数据结构(如链表、树、栈等)。

(4) 结构化的程序设计语言。C 语言具有结构化的控制语句(如 if、switch、for、while、do...while),用函数作为程序的模块单位,便于实现程序的模块化。

(5) 语法限制不严格,程序设计灵活。例如,C 语言不检查数组下标越界,C 语言不限制数据转化,不限制指针的使用,程序正确性由程序员保证。灵活和安全是一对矛与盾,对语法限制的不严格可能也是C语言的一个缺点,黑客可能使用越界的数组攻击用户的计算机系统。

(6) 能进行位操作,可以直接对部分硬件进行操作。例如,C语言可以直接操作计算机硬件,如寄存器、各种外设I/O端口等;C语言的指针可以直接访问内存物理地址;C语言类似汇编语言的位操作可以方便地检查系统硬件的状态。

(7) 可移植性好。用C语言编写的程序基本上不需要修改或只需要少量修改就可以移植到其他计算机系统或操作系统中。

(8) C语言编译后生成的目标代码质量高,程序的执行效率高。

1.2 C程序介绍

C程序是由C语言的若干语句序列组成的。为了了解C程序的结构特点,我们先看几个C程序,虽然有关内容还未介绍,但可以从这些例子中了解一个C程序的基本构成。

1.2.1 C程序的总体结构

【例1-1】 输入矩形的两条边长,求矩形的面积。

程序代码如下。

```
#include "stdio.h"                  /* 头文件(含输入/输出函数) */
main()                              /* 主函数 */
{
  float a,b,area;                   /* 变量声明 */
  scanf("%f %f",&a,&b);             /* 键盘输入数据给变量 */
  area=a*b;                         /* 计算 */
  printf("area=%f\n",area);         /* 输出变量的值至显示器 */
}
```

【例1-2】 通过函数调用求两个数中的最大值。

程序代码如下。

```
#include "stdio.h"                  /* 头文件(含输入/输出函数) */
int max(int x,int y)                /* 求两整数中较大的数 */
{
  return (x>y? x:y);                /* 返回x、y中的最大值,通过max带回调用处 */
}
main()                              /* 主函数 */
{
```

```
    int a,b,c;                    /* 声明部分,定义变量 */
    scanf("%d%d",&a,&b);          /* 键盘输入数据给变量 */
    c=max(a,b);                   /* 调用 max,将调用结果赋给 c */
    printf("max=%d",c);           /* 输出变量的值至显示器 */
}
```

注意:【例 1-2】中包括两个函数,即主函数 main 和调用函数 max,max 的作用是求任意两个整数中的最大值。

通过以上例子可以总结出 C 程序结构的主要特点如下。

(1) C 程序是由函数构成的。一个 C 源程序至少包含一个 main 函数,也可以包含一个 main 函数和若干其他函数。所以说,C 是函数式的语言,函数是 C 程序的基本单位。

(2) main 函数(主函数)是每个程序执行的起始点。一个 C 程序总是从 main 函数开始执行,并在 main 函数中结束。main 函数的书写位置是任意的,可以将 main 函数放在整个程序的最前面,也可以放在整个程序的最后,或者放在其他函数之间。

(3) 一个函数由函数说明和函数体两部分组成。函数结构如下。

```
函数类型 函数名(形参表)
{
  [声明部分]:在这部分定义本函数所使用的变量。
  [执行部分]:由若干条语句组成命令序列。
}
```

当然,在某些情况下也可以没有声明部分,甚至可以既没有声明部分也没有执行部分。

注意:变量声明部分必须书写在执行部分之前。

(4) C 程序的每个语句,都以分号(;)作为语句结束符。

(5) C 程序书写格式自由,一行可以写几个语句,一个语句可以写在多行上。

(6) 可以用/* …… */对程序任何部分做注释,以增加可读性。

注释内容要写在“/*”和“*/”之间。注释部分允许出现在程序中的任何位置。注释部分只是用于阅读,对程序的运行不起作用。C 语言中注释不允许嵌套。注释可以用西文,也可以用中文。注释是重要的交流工具,使用注释是编程人员的良好习惯。

(7) C 语言本身不提供输入/输出语句,输入/输出的操作是通过调用库函数 scanf 和 printf 等来完成的。

1.2.2 C 程序的书写规则

C 语言语句简练、语义丰富、格式灵活,为了提高程序的可读性,应该遵循 C 程序的书写规则,养成良好的书写习惯。

C 程序书写格式的一般要求如下。

(1) 一般一条语句占一行,以分号结束;有些短语句也可以一行多条;长语句也可以写成多行,不加续行符。

(2) 用花括号({})标明程序的层次结构。

(3) 采用逐层缩进格式,使程序清晰易读。通常向右缩进两个字符或一个水平制表符。

(4) 标识符、关键字之间加空格间隔,若已有间隔符则可以不加。

(5) 使用注释信息,增加程序的可读性。

1.3 C 程序的开发过程

C 语言是一种编译型的程序设计语言。用 C 语言开发程序,需要一个开发环境。目前流行的集成环境有 Borland Turbo C(或称 Turbo C)、Visual C++、Dev-C++、Win-TC、Borland C++等。本节以 Visual C++为开发环境介绍 C 程序的上机操作过程。

1.3.1 C 程序的实现过程

从编写一个 C 程序到完成运行得到结果一般需要经过以下几个步骤。

1. 编辑

编辑是将源程序通过键盘逐个字符输入计算机内存,并加以修改,最后以文本文件的形式保存到磁盘文件中,其文件扩展名为“.c”。

2. 编译

编译是将已编辑好的源程序翻译成二进制的目标代码。在编译时,要对源程序进行语法检查,如发现错误,则显示出错信息。此时应重新进入编辑状态,对源程序进行修改后再重新编译,直到通过编译为止。此时生成扩展名为“.obj”的同名目标文件。

3. 连接

连接是将各个模块的二进制目标代码与系统标准模块经过连接处理后,得到可执行文件,其扩展名为“.exe”。

4. 运行

直接运行可执行文件即可得到程序运行结果。通常,在 DOS 环境下直接输入可执行文件名,在 Windows 环境下双击可执行文件名,都可运行程序。

1.3.2 在 Visual C++环境下实现 C 程序

1993 年,Microsoft 公司推出 Visual Studio 1.0,此后新版本不断问世。虽然 Visual Studio 经历了诸多版本的改进升级,但是 Visual Studio 6.0 以后的 C++没有多大的变化。随着 C++新标准的公布,Visual Studio 2010 在 C++开发方面带来了很多革命性的变化。由于最新的计算机等级考试(二级 C)的环境改成了 Visual C++ 2010 学习版,下面介绍在 Visual C++ 2010 学习版环境下如何实现 C 程序。

1. Visual　C++ 2010 学习版主界面

在 Windows 系统任务栏中，执行“开始”→“Microsoft Visual　C++ 2010 Express”命令，即可启动 Visual　C++ 2010 学习版开发环境，其主界面如图 1-2 所示。

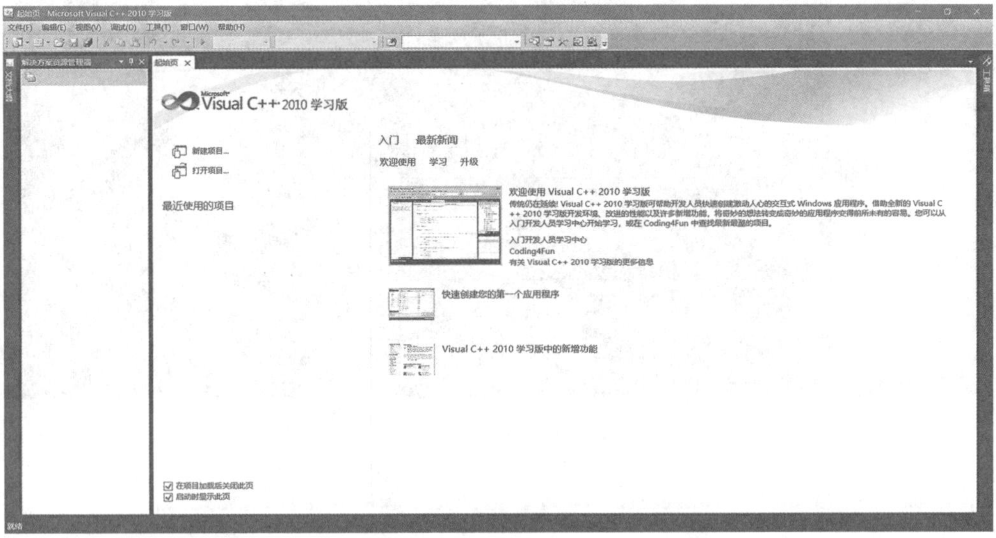

图 1-2　**Visual C++ 2010** 学习版主界面

2. 在 Visual　C++ 2010 学习版中实现 C 程序

1）创建项目

执行“文件”→“新建”→“项目”命令，弹出“新建项目”对话框，如图 1-3 所示。在“新建项目”对话框中，选择“Visual　C++”→“空项目”选项，在下边的“名称”文本框中输入项目名称，如“cp”，选择项目路径，单击“确定”按钮，进入新建项目窗口，如图 1-4 所示。

图 1-3　“新建项目”对话框

图 1-4　新建项目窗口

2）建立 C 文件

在新建项目窗口中的右侧找到新建的项目，如“cp”。右击 cp 下的“源文件”，在弹出的快捷菜单中选择“添加”→“新建项”命令，弹出“添加新项”对话框，如图 1-5 所示。

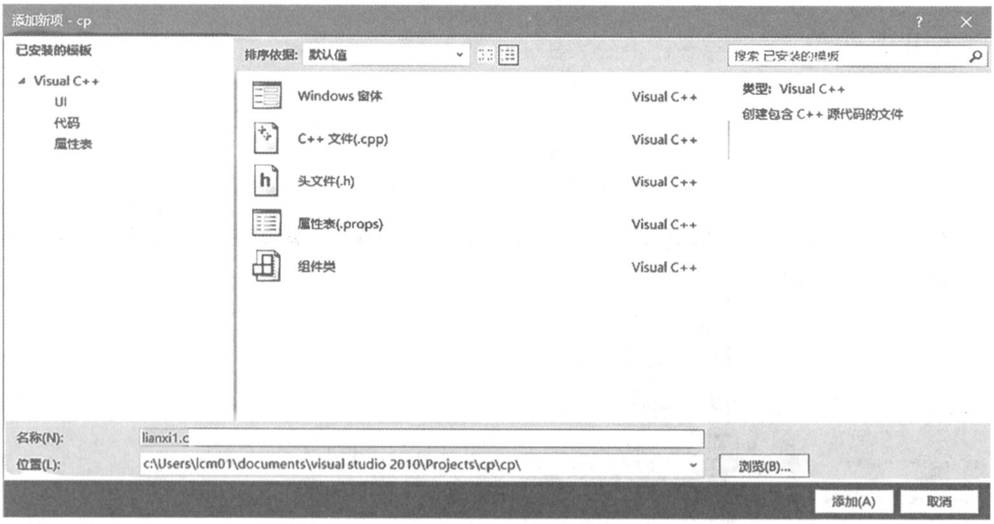

图 1-5　“添加新项”对话框

在中间窗格中选择“C++文件”选项，在下边“名称”文本框中输入文件名，如“lianxi1. c”，选择文件的路径。单击“添加”按钮，进入代码编辑窗口。在代码编辑窗口中输入“lianxi1. c”的源代码，如图 1-6 所示。

3）生成并运行程序

将 C 源程序输入结束后，按 Ctrl+F5 组合键，弹出提示对话框，如图 1-7 所示。单击“是”

按钮，若程序没有错误则显示如图 1-8 所示的结果。若程序有错误，则在代码编辑窗口下边的输出窗口有提示错误，在编辑窗口根据错误提示修改源代码，按 Ctrl+F5 组合键重新生成运行。

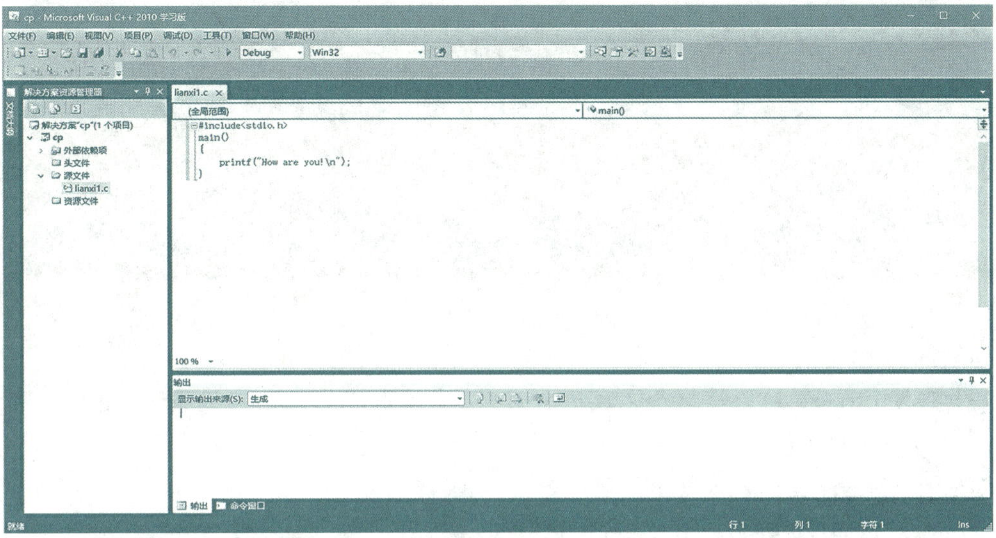

图 1-6　代码编辑窗口

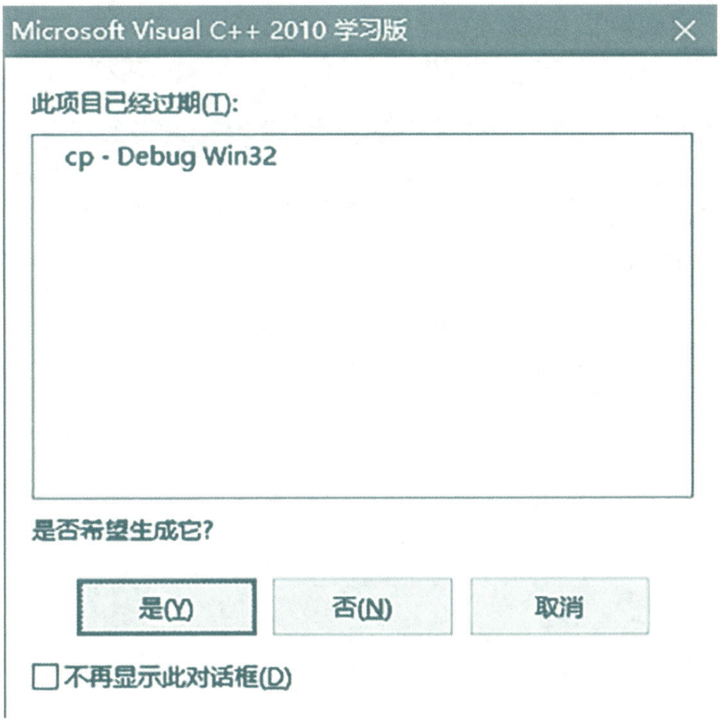

图 1-7　提示对话框

图 1-8　程序运行结果

注意：按 Ctrl+F5 组合键执行生成运行后，程序结果可能一闪而过，无法看到。可以通过下面两种方法显示程序结果。

第一种方法：设置控制台显示。

在代码编辑窗口（图 1-6）中右击“cp”，在弹出的快捷菜单中选择“属性”命令，弹出“cp 属性页”对话框，如图 1-9 所示。在左边一栏找到“配置属性”→“链接器”→“系统”，单击“系统”后，将右边栏的“子系统”值设置为“控制台（/SUBSYSTEM：CONSOLE）”。经过这样的配置后，再按 Ctrl+F5 组合键，程序执行结束就会停留在控制台界面，显示结果并提示“请按任意键继续...”。

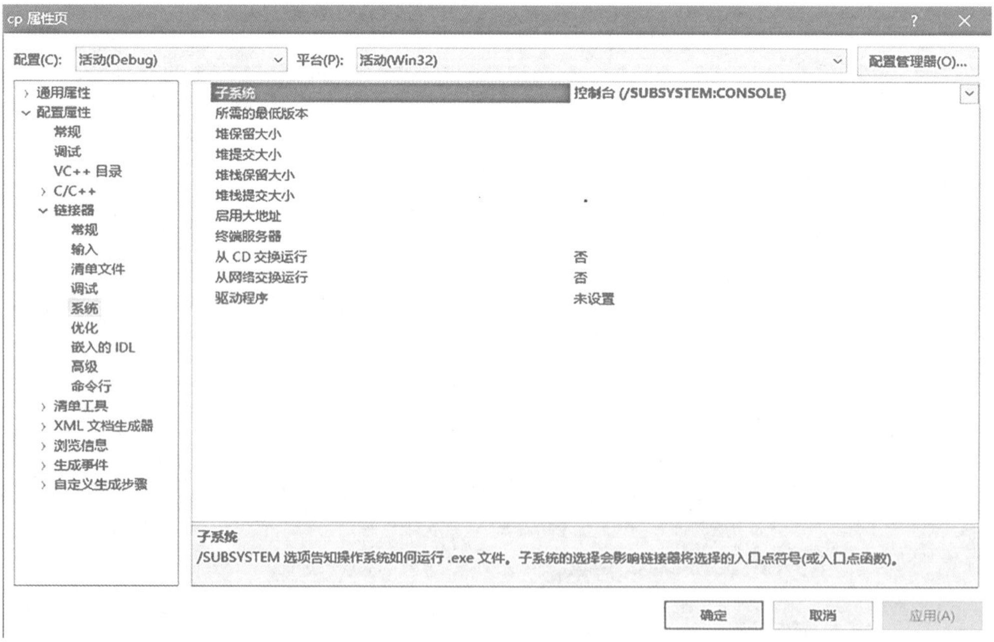

图 1-9　“cp 属性页”对话框

第二种方法:添加代码。可以通过在程序最后添加代码“getch();”或“system("pause");”,便可显示程序结果。使用“system("pause");”需要包含头文件“stdlib.h”,即“#include<stdlib.h>”。

等级考试重难点与真题解析

本模块主要考查C程序的构成与格式、C程序的开发过程等。从历次等级考试的试题来看,本模块属于非重点考查对象,一般以考查概念性的知识为主。

一、重难点解析

1. C程序的构成

1)C程序主要由函数构成

每一个C程序必须有且仅有一个main函数(主函数)。C程序的执行总是从主函数开始,并在主函数中结束。主函数的书写位置是任意的,它可以调用任何非主函数;任何非主函数都可以相互调用,但是不能调用主函数。

2)一个函数由两部分构成

(1)函数的说明部分,包括函数类型(返回值类型)、函数名和形参表。

(2)函数体。函数体中包含变量声明部分和执行部分。

注意:变量声明部分必须书写在执行部分之前。

2. C程序的书写规则

C语言的书写格式自由,一行内可以写几个语句,一个语句也可以分写在多行。每个语句和数据定义的最后必须有一个分号。C语言中的注释可以用“/*”和“*/”括起来,注释可以在任何允许插入空格符的地方插入。C语言中注释不允许嵌套。注释可以用西文,也可以用中文。

3. C程序的编译与执行

由C语句构成的指令序列称为C源程序,C源程序经过C语言编译程序编译之后生成一个后缀为“.obj”的二进制文件(称为目标文件);然后由“连接程序”把“.obj”文件与C语言提供的各种库函数连接起来生成一个后缀为“.exe”的可执行文件。在DOS状态下,输入此文件名字(不必输入后缀“.exe”)并按Enter键,该文件就可以执行。

二、真题解析

1. 用FORTRAN语言编制的源程序要变为目标程序,必须经过(　　)。[2017年9月]

A. 汇编　　B. 解释　　C. 编辑　　D. 编译

解析 高级语言所编制的程序不能直接被计算机识别,必须经过解释或编译转换才能被执行。FORTRAN语言是一种编译型的程序设计语言。所以D是正确的。

2. C语言程序的基本单位是(　　)。[2017年9月]

A. 程序行　　B. 语句　　C. 函数　　D. 字符

解析 C 程序是由函数构成的。一个 C 源程序可以包含一个 main 函数和若干其他函数,函数是 C 程序的基本单位。所以 C 是正确的。

3. 在计算机内部,一切信息存取、处理和传送的形式是(　　)。[2016 年 9 月]

A. ASCII 码　　B. BCD 码　　C. 二进制　　D. 十六进制

解析 计算机所使用的是由 0 和 1 组成的二进制数,一切信息存取、处理和传送的形式都是二进制,所以答案为 C。

4. 以下叙述中错误的是(　　)。[2011 年 3 月]

A. C 语言的可执行程序是由一系列机器指令构成的

B. 用 C 语言编写的源程序不能直接在计算机上运行

C. 通过编译得到的二进制目标程序需要连接才可以运行

D. 在没有安装 C 语言集成开发环境的机器上不能运行 C 源程序生成的“. exe”文件

解析 开发一个 C 程序要经过编辑、编译、连接和运行 4 个步骤。由编译过的目标程序和用到的库函数连接生成的可执行程序,在 DOS 环境下直接键入可执行文件名,在 Windows 环境下双击可执行文件名,都可运行程序,所以 D 是错误的。

5. 计算机高级语言程序的运行方法有编译执行和解释执行两种,以下叙述中正确的是(　　)。[2011 年 3 月]

A. C 语言程序仅可以编译执行

B. C 语言程序仅可以解释执行

C. C 语言程序既可以编译执行又可以解释执行

D. 以上说法都不对

解析 C 语言是一种编译型的程序设计语言。所以 A 是正确的。

思考与练习

一、选择题

1. 下列叙述错误的是(　　)。

A. 计算机不能直接执行用 C 语言编写的源程序

B. C 程序经 C 编译程序编译后,生成的后缀为“. obj”的文件是一个二进制文件

C. 后缀为“. obj”的文件,经连接程序生成的后缀为“. exe”的文件是一个二进制文件

D. 后缀为“. obj”和“. exe”的二进制文件都可以直接运行

2. 下列叙述中正确的是(　　)。

A. 每个 C 程序文件中都必须要有一个 main 函数

B. 在 C 程序中 main 函数的位置是固定的

C. C 程序中所有函数之间都可以相互调用,与函数所在位置无关

D. 在 C 程序的函数中不能定义另一个函数

3. C语言源程序名的后缀是(　　)。

A. .exe　　B. .c　　C. .obj　　D. .cpp

4. 下列叙述中正确的是(　　)。

A. C程序中的注释只能出现在程序的开始位置和语句的后面

B. C程序书写格式严格,要求一行内只能写一个语句

C. 简单C语句必须以分号结束

D. 用C语言编写的程序只能放在一个程序文件中

5. 下列说法正确的是(　　)。

A. 在书写C语言源程序时,每个语句以逗号结束

B. 注释时,"/"和"*"号间可以有空格

C. 无论注释内容多少,在对程序进行编译时都被忽略

D. C程序的基本组成单位是语句

6. 下列叙述正确的是(　　)。

A. 在C程序中无论是整数还是实数,只要在允许的范围内都能准确无误地表示出来

B. 在执行C程序时,不一定从main函数开始

C. C程序由函数组成

D. C程序由函数和过程组成

二、模仿编程

1. 模仿【例1-1】编写程序,已知一个圆的半径 $r=2.5$,求圆的面积。

2. 模仿本模块案例,设计一个银行登录界面程序。

模块 2 C 程序数据描述与计算

案例引入——学生歌唱比赛得分管理中数据的描述与计算

任务描述

分析 C 语言对客观事务的数据描述和计算处理。

建立参赛选手的得分表,假设选手得分表如表 2-1 所示,试对各列数据进行适当类型的常量、变量描述与表达式计算处理。

表 2-1 选手得分表

ID	选手姓名	性别	评委一打分	评委二打分	评委三打分	总分	平均分(专业得分)	观众投票加分	最终得分	排名
1	刘飞飞	女	8	9	9					
2	白晓晨	女	9	9	9					
3	张强	男	8	7	8					

(1) 明确以上数据可以用哪种数据类型的常量描述。

(2) 明确以上数据可以用哪种数据类型的变量描述。

(3) 明确可以使用什么样的表达式来处理数据。

(4) 录入 2 位选手的评委打分,计算并输出平均得分。

任务目标

(1) 能够熟练地根据数据处理需求描述合适数据类型的常量,定义合适数据类型的变量。

(2) 能够熟练地根据数据处理需求正确编写表达式。

（3）能够应用某种 C 集成编译器进行 C 程序的编辑、编译和执行。

（4）能够根据系统提示进行操作、检错和纠错，培养自我学习的能力。

（5）培养严肃、严格和严谨的工作作风，表达式编写和代码编写一丝不苟。

源代码展示

```
#include<stdio.h>
main()
{
  int j1,j2,j3,i=1;
  float avg;
  printf("请输入第%d 位选手的得分:",i);
  scanf("%d%d%d",&j1,&j2,&j3); //输入三个评委的打分
  avg=(float) (j1+j2+j3)/3; //求出平均分
  //输出第一个选手的信息
  printf("第 %d 位选手刘飞飞得分:%4d %4d %4d   平均得分:%6.1f\n",i,j1,j2,j3,avg);
  i++;
  printf("请输入第%d 位选手的得分:",i);
  scanf("%d%d%d",&j1,&j2,&j3); //输入三个评委的打分
  avg=(float) (j1+j2+j3)/3; //求出平均分
  //输出第二个选手的信息
  printf("第 %d 位选手白晓晨得分:%4d %4d %4d%  平均得分:%6.1f\n",i,j1,j2,j3,avg);
  i++;
}
```

运行结果

程序运行结果如图 2-1 所示。

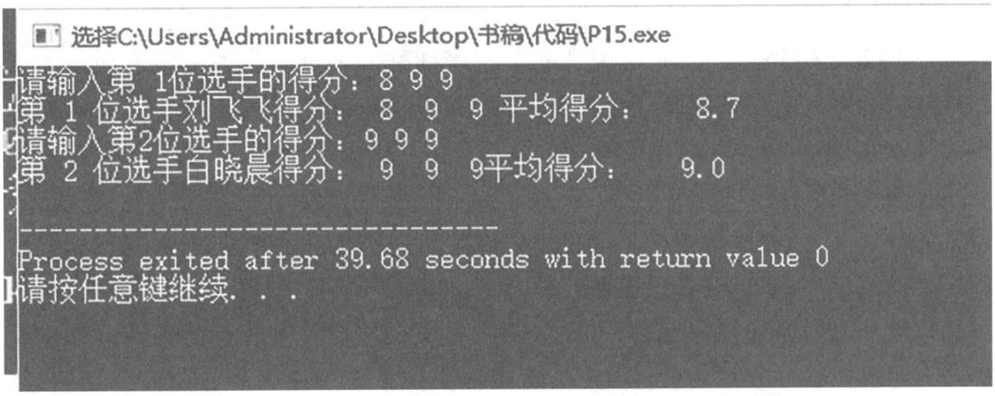

图 2-1　“参赛选手的得分表”程序运行结果

程序分析

首先分析选手得分表中的各项数据，选手的姓名、性别选用字符串原样输出，3 个评委打分(j1,j2,j3)定义为整型，平均得分(avg)定义为实型，为了保证平均得分能得到精确合理的实数，这里使用了强制类型转换(float)(j1+j2+j3)。对每个选手的求平均得分并输出的处理语句基本一致，用整型变量 i 的自增来计算选手人数。

知识讲解

C 语言中不同的数据结构是以不同数据类型来表示的。在 C 语言中，每一项数据都有一个确定的数据类型，不同数据类型在数据的表达形式，取值类型、占用内存空间及可以参与的运算都不相同。

运算符是程序中进行各类运算的操作码，C 语言中运算符种类十分丰富，本模块重点介绍了程序中比较常见的算术运算符、赋值运算符、自增自减等。

2.1 常量与变量

在 C 语言中基本数据有常量和变量之分，它们分别属于不同的数据类型。在程序中用到的所有数据都必须指定其数据类型，常量可以不经说明而直接引用，变量则必须先定义后使用。而要标识一个常量或变量，必须采用合法的标识符。

2.1.1 标识符

任何一种语言，都有自己的符号、单词以及语句的构成规则。C 语言作为计算机的一种程序设计语言，也有自己的字符集、标识符以及命名规则。用来标识变量名、符号常量名、函数名、数组名、类型名、文件名的有效字符序列称为标识符。

1. 关键字

C 语言系统设置特定含义、专门用途的字符序列称为关键字。关键字不能作为其他用途，且只能小写。例如，用来说明变量类型的标识符 int、double 以及 if 语句中的 if、else 等都已有专门的用途，不能再用作变量名和函数名。

2. 预定义标识符

所谓的预定义标识符，是指在 C 语言中预先定义并具有特定含义的标识符，如 C 语言提供的库函数的名字(如 printf)和预编译处理命令(如 define)等。C 语言允许把这类标识符重新定义另作他用，但这将使这些标识符失去预先定义的原意。鉴于目前各种计算机系统的 C 语言都一致地把这类标识符作为固定的库函数或预编译处理中的专门命令使用，因此为了避免误解，建议用户不要把这类预定义标识符另作他用。

3. 用户标识符

由用户根据需要定义的标识符称为用户标识符,又称为自定义标识符。用户标识符一般用来给常量、变量、函数、数组、类型、文件等命名。

用户标识符命名规则如下。

(1) 只能由字母、数字和下划线组成,且第一个字符必须为字母或下划线。

(2) 有大小写之分,如 sum、SUM 和 Sum 是 3 个不同的标识符。在 C 程序中,变量名使用小写,常量名用大写,但不绝对。

(3) ANSI C 没有限制标识符长度,但各个编译系统都有自己的规定和限制。有的系统取 8 个字符,Turbo C 则允许 32 个字符。

(4) 标识符不能与"关键字"同名,最好也不与"预定义标识符"同名。

(5) 标识符命名应当有一定的意义,做到顾名思义,以增加程序的可读性。最好使用英文单词及其组合,便于记忆和阅读,尽量少用汉语拼音来命名。例如:

合法的用户标识符:a1、x2、s_1、s_2、s_3、ggde2f_1。

不合法的用户标识符:df 1、1a、d@ sina、s * b、+d。

2.1.2 常量

在程序的运行过程中,其值不能改变的量称为常量。

1. 常量的类型

在 C 语言中,有整型常量、实型常量、字符型常量和字符串常量等。整型常量还可以进一步分为短整型常量、长整型常量等。

整型常量和实型常量又称为数值型常量,它们有正负之分。基本整型常量只用数字表示,不带小数点,如 12、0、-3 为整型常量。实型常量必须用带小数点的数表示,如 4.6、-1.23 为实型常量。'a' 和 'A' 为字符型常量,"abc"和"hello"为字符串常量。

2. 符号常量

在 C 程序中可以用一个符号名代表一个常量,称为符号常量。这个符号常量必须在程序中指定,并符合标识符的命名规则。用 define 定义时,前面必须以"#"开头,命令行最后不加分号。

为了区别于一般的变量名,符号常量通常用大写字母。

【例 2-1】 输出 A 和 x、y、z 的值,程序代码如下。

```
#include <stdio.h>
#define A 100
#define NAME 张三
int main()
{
    int x, y, z;        //定义 int 类型变量
    x = A;              //把字符常量 A 代表的值赋给变量 x
    y = A*2;            //把字符常量 A 代表的值乘以 2 以后赋给变量 y
```

```
    z = A+10;  //把字符常量 A 代表的值加上 10 以后赋给变量 z
    printf("name = %c\n", NAME);  //输出字符常量 NAME 代表的值
    printf("A = %d\n", A);        //输出字符常量 A 代表的值
    printf("x = %d, y = %d, z = %d\n", x, y, z);//输出 x、y、z 的值
}
```

程序运行结果如图 2-2 所示。

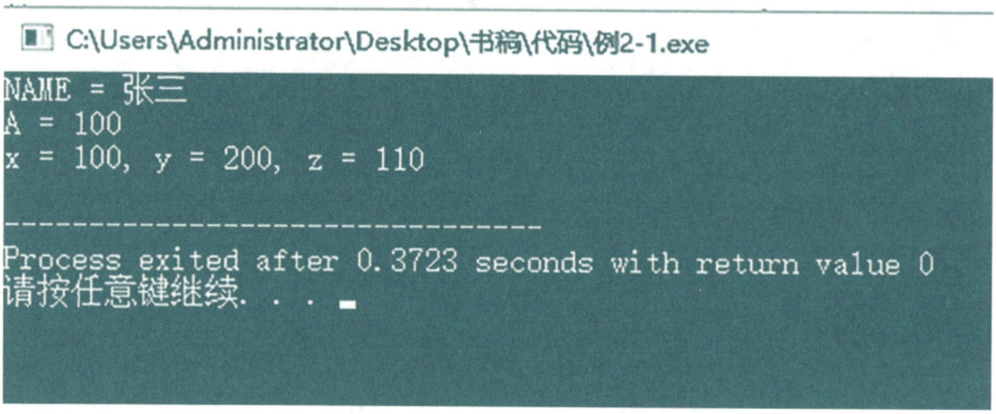

图 2-2 【例 2-1】程序运行结果

程序中使用“#define”命令定义“A”代表的数值常量“100”,“NAME”代表字符常量“张三”,在对程序编译时,凡是程序中出现“A”的地方,编程程序均用“100”代替,凡是出现“NAME”的地方均用“张三”代替。

使用符号常量有如下好处。

(1) 含义清楚,顾名思义。

(2) 修改方便,一改全改。

2.1.3 变量

在程序的运行过程中,其值可以改变的量称为变量。程序中用到的所有变量都必须有一个名字作为标识,变量的名字由用户定义。

关于变量的使用,要注意以下 3 点。

(1) 变量名必须符合标识符命名规则,一个变量实质代表内存中的某个存储单元。变量名在程序运行过程中不会改变,变量的值可以改变。

(2) C 语言中的变量必须“先定义,后使用”。对变量的定义通常放在函数体内的前部,但也可以放在函数的外部或复合语句的开头。

① 只有声明过的变量才可以在程序中使用,这使得变量名的拼写错误容易被发现。

② 声明的变量属于确定的类型,编译系统可方便地检查变量所进行运算的合法性。

③ 在编译时根据变量类型可以为变量分配相应的存储空间。

（3）与常量类似，变量也有整型变量、实型变量、字符型变量等不同类型。

2.2 基本数据类型

C 语言提供了丰富的数据类型，其中最常用的是基本类型。下面依次介绍整型数据、实型数据和字符型数据类型。

2.2.1 整型数据

1. 整型数据的分类

C 语言中整型数据有短整型（short int）、基本整型（int）、长整型（long int）、无符号型（unsigned）。若不指定变量为无符号型，则变量隐含为有符号型（signed）。

表 2-2 列出了 ANSI 标准定义的整型数据类型。Turbo C 的规定与此表一致。

表 2-2　　整型数据类型

类　型	类　型　名	字　节	取值范围
整型	int	2（16 位）	$-2^{15}\sim2^{15}-1$（$-32\ 768\sim32\ 767$）
短整型	short	2（16 位）	$-2^{15}\sim2^{15}-1$（$-32\ 768\sim32\ 767$）
长整型	long	4（32 位）	$-2^{31}\sim2^{31}-1$（$-2\ 147\ 483\ 648\sim2\ 147\ 483\ 647$）
无符号整型	unsigned int	2（16 位）	$0\sim2^{16}-1$（$0\sim65\ 535$）
无符号短整型	unsigned short	2（16 位）	$0\sim2^{16}-1$（$0\sim65\ 535$）
无符号长整型	unsigned long	4（32 位）	$0\sim2^{32}-1$（$0\sim4\ 294\ 967\ 295$）

不同的编译系统或计算机系统对这几类整型数所占用的字节数有不同的规定。C 标准没有具体规定各类整数类型所占用的字节数，只要求 long 型数据长度不短于 int 型，short 型不长于 int 型。具体如何实现，由各计算机系统自行决定。例如，Turbo C 中的 short、int 都是 16 位，long 是 32 位；而 Visual　C++中的 int、long 都是 32 位，short 是 16 位。

2. 整型常量

值为整数的常量称为整型常量，简称为整常量或整数。它包括正整数、负整数和零。C 语言中的整型常量有以下 3 种表示形式。

（1）十进制：就是通常意义下的十进制整常数。例如，123、-456、0。

（2）八进制：以 0 开头，后面跟几位数字（由数字 0～7 组成）。例如，$0123=(123)_8=(83)_{10}$，$-011=(-11)_8=(-9)_{10}$。

（3）十六进制：以 0x 或 0X 开头，后面跟几位数字（数字由 0～9、A～F 组成）。例如，$(0x123)_{16}=(291)_{10}$，$(-0x12)_{16}=(-18)_{10}$。

整型常量有短整型、基本整型、长整型和无符号型等不同类型。整型常量后可以用 u 或 U 明确说明数据为无符号整数，用 l 或 L 明确说明数据为长整型。例如，011L 表示长整型的八进制数，代表十进制数 9，在计算机中占 4 字节；011 表示整型的八进制数，也代表十进制数 9,但在计算机中占 2 字节。

3. 整型变量

整型变量可以分为短整型、基本整型、长整型和无符号型等不同类型。例如:

```
short s;          /* 定义 s 为短整型变量 */
int i,j,k;        /* 定义 i、j、k 为基本整型变量 */
long n;           /* 定义 n 为长整型变量 */
```

定义以上语句后,编译程序会为 s、i、j、k、n 分别开辟相应字节的空间,而没有在存储单元中存放任何值。此时变量中的值是无意义的,称变量值"无定义"。

C 语言规定,可以在定义变量的同时给变量赋初值,也称为初始化。例如:

```
int i,j,s=0;   /* 定义 i、j、s 为整型变量,s 初始化为 0 */
```

2.2.2 实型数据

1. 实型数据的分类

C 语言中的实型数据有单精度(float)、双精度(double)和长双精度(long double)3 类。有关规定如表 2-3 所示。

表 2-3 实型数据类型

类　型	类 型 名	字　节	有效数字	取值范围
单精度	float	4(32 位)	6~7	$10^{-37}\sim10^{38}$
双精度	double	8(64 位)	15~16	$10^{-307}\sim10^{308}$
长双精度	long double	10(80 位)	18~19	$10^{-4\,931}\sim10^{4\,932}$

ANSI C 没有具体规定每种类型数据的长度、精度和数值范围,由 C 编译系统自定。表 2-3 列出的是微机上常用的 C 编译系统(如 Turbo C,Borland C)的情况。

注意 C 语言中实型与数学中实数的区别。数学中实数的值是无限的,而实数在计算机中使用有限的存储单元存储,所以值是有限的。另外,数学中的精度可以是任意的,甚至是无限的,而计算机只能以有限个有效位表示精度。程序设计者可根据值域和精度的实际需要,选用适当的实型类型。

2. 实型常量

实型常量又称为实数或浮点数。在 C 语言中,实型常量只能用十进制表示,有以下 2 种表示形式。

(1) 十进制小数形式。由数字和小数点组成(必须有小数点),如 123.0、.123(只有小数位)、123.(只有整数位)、0.0。

(2) 指数形式,又称科学表示法。这种表示形式包含数值部分和指数部分,数值部分的表示方法同十进制小数,指数部分是一个可正可负的整型数,这两部分用字母 e 或 E 连接起来。这种形式类似于数学中的指数形式。在数学中,一个数可以用幂的形式来表示,如 123×10^3,在 C 语言中,123e3、1. 23E5 都是它的合法表示。使用指数形式表示很大或很小的数比较方便。

使用实型常量需要注意以下几点。

(1) 字母 e 或 E 之前必须有数字,e 后面的指数必须为整数。例如,e3、2.1e3.5、. e3、e 都不是合法的指数形式。

(2) 规范化的指数形式。这种形式要求在字母 e 或 E 之前的小数部分,小数点左边应当有且只有一位非 0 数字。例如,2. 3478e2、3. 0999E5、6. 46832e12 都是规范化的指数形式。用指数形式输出实数时,都是按规范化的指数形式输出的。

(3) 许多 C 编译系统将实型常量作为双精度实数来处理,这样可以保证较高的精度,缺点是运算速度降低。在实数的后面加字符 f 或 F,如 1. 65f,使编译系统按单精度处理实数。

3. 实型变量

C 语言中的实型变量分为单精度型(float)、双精度型(double)和长双精度型(long double)。对于每一个实型变量也都应该先定义后使用,可以在定义变量的同时进行初始化。例如:

```
float a,b;            /*定义 a、b 为单精度型变量*/
double x,y,z;         /*定义 x、y、z 为双精度型变量*/
double t=1.0,s=0;/*定义变量 t、s 为双精度型变量,同时进行了初始化*/
```

由于实型数据的存储是有误差的,使用时要注意以下几点。

(1) 不要试图用一个实数精确表示一个大整数,因为浮点数是不精确的。

(2) 实数一般不判断"相等",而是判断接近或近似。

(3) 避免直接将一个很大的实数与一个很小的实数相加或相减,否则会"丢失"小的数。

(4) 分析数据,根据需要选择数据类型是单精度还是双精度。

2.2.3 字符型数据

在处理数据时,经常会遇到像姓名、性别和住址等具有文本特征的数据,这些数据属于字符型数据。

1. 字符常量

用单引号括起来的单个字符为字符常量。例如:

合法的字符常量:'a'、'A'、'5'、'0'、','。

不合法的字符常量:"a"(双引号不合法)、'abc'(超过 1 个字符不能用单引号)。

字符常量在内存中占 1 字节,存放的是字符的 ASCII 码值。字符常量 'A' 的值为 65,字符常量 'a' 的值为 97。

2. 转义字符常量

转义字符是以“\”开头的具有特殊含义的字符，这些字符常量也必须括在一对单引号内。例如，'\n' 代表回车换行。表 2-4 列出了 C 语言中的转义字符。

表 2-4　　转义字符

字符形式	功　　能	字符形式	功　　能
\n	回车换行	\\	反斜杠字符\
\t	横向跳过若干格(Tab 键)	\'	单引号字符
\v	竖向跳格	\"	双引号字符
\r	回车符	\ddd	三位八进制数代表一个字符
\f	换页符	\xhh	两位十六进制数代表一个字符
\b	退格符(Backspace 键)	\0	空值

使用转义字符需要注意以下几点。

(1) 转义字符常量，如 '\n'、'\101'、'\141' 只代表一个字符。

(2) 反斜线后的八进制数可以不用 0 开头，如 '\101' 代表的就是字符常量 'A'。

(3) 反斜线后的十六进制数只能由小写字母 x 开头，不允许用大写字母 X，也不能用 0x 开头，如 '\x41' 代表字符常量 'A'。

3. 字符串常量

字符串常量是由双引号括起来的一串字符，如"How are you ?"、"CHINA"、"a"。

C 语言规定：在每个字符串的结尾加一个字符串结束标志，以便系统据此判断字符串是否结束。C 语言规定以 '\0'(ASCII 码为 0 的字符)作为字符串结束标志。

注意字符常量与字符串常量的区别。例如，'a' 字符型常量占 1 字节，而"a" 字符串常量占 2 字节；"ab\n"是字符串常量，占 4 字节；""代表一个空串，占 1 字节存放 '\0'。

注意：字符串只能是常量，C 语言中没有字符串变量。

4. 可对字符量进行的运算

字符数据以 ASCII 码存储的形式与整数的存储形式类似，这使得字符型数据和整型数据之间可以通用(当作整型量)。例如：

```
'B'-'A'=66-65=1          'a'+1=97+1='b'
'A'+32=65+32=97='a'   'b'-32=98-32=66='B'   /* 大小写字母之间的转换 */
'9'-'0'=57-48=9    4+'0'=4+48=52='4'    /* 数字字符与整数值之间的转换 */
```

字符量还可以进行关系运算。例如，'A'<'a'，值为真。因为在 ASCII 码表中，'A' 的值为 65，小于 'a' 的值 97。

5. 字符型变量

字符型变量用来存放字符数据，同时只能存放一个字符。在 C 语言中，字符型变量用关

键字 char 进行定义,在定义的同时也可以初始化。例如:

```
char c1,c2,c3;
char ch='A';
```

所有编译系统都规定以 1 字节来存放一个字符,或者说,一个字符型变量在内存中占 1 字节。当把字符放入字符型变量时,字符型变量中的值就是该字符的 ASCII 码值,这使得字符型数据和整型数据之间可以通用(当作整型量)。具体表现为如下几点。

(1) 可以将整型数据赋值给字符型变量,也可以将字符数据赋值给整型变量。

(2) 可以对字符数据进行算术运算,相当于对它们的 ASCII 码进行算术运算。

(3) 一个字符数据既可以以字符形式输出,也可以以整数形式输出。

【例 2-2】 把输入的小写字母转换成为大写字母,程序代码如下。

```
#include<stdio.h>
main()
{
  char a;
  printf("请输入一个小写的字母:\n");
  scanf(" %c",&a); //输入一个字符并赋值给 a
  printf("它的大写字母是 %c\n",a-32);
}
```

程序运行结果如图 2-3 所示。

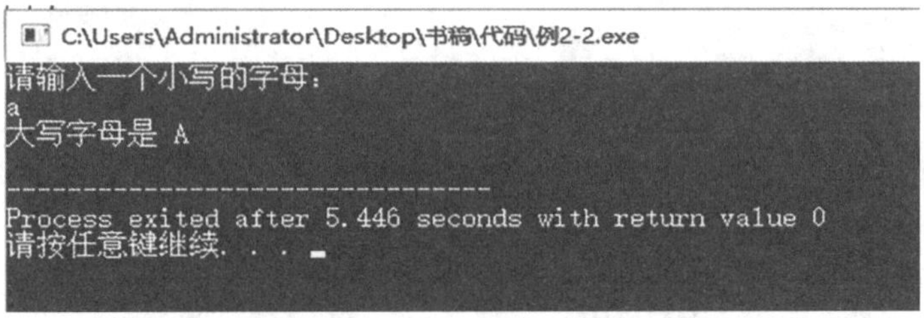

图 2-3　【例 2-2】程序运行结果

程序的作用是将两个小写字母转换为大写字母。在 ASCII 码表中,小写字母比对应的大写字母的 ASCII 码大 32,所以直接减 32 实现从小写字母到大写字母的转换;第一个 printf 函数将字符以字符形式输出,第二个 printf 函数将字符以整数形式输出。

2.3 C 语言的运算符和表达式

C 语言的运算符非常丰富,除了提供一般高级语言的算术运算符、关系运算符和逻辑运算符外，还提供赋值运算符、位操作运算符、自增自减运算符等，甚至数组下标、函数调用都可以作为运算符。本节主要介绍算术运算符、赋值运算符、自增自减运算符和逗号运算符。

2.3.1 算术运算符和算术表达式

1. 算术运算符

常见的算术运算符包括+、-、*、/、%和正负号。它主要对数值型数据进行一般的算术运算，算术运算符及其运算规则如表 2-5 所示。

表 2-5　　算术运算符及其运算规则

对象个数	名　称	运　算　符	运算规则	运算对象类型	结果类型	结　合　性
单目	正	+	取正值	整型或实型	整型或实型	自右向左
	负	-	取负值			
双目	加	+	加法	整型或实型	整型或实型	自左向右
	减	-	减法			
	乘	*	乘法			
	除	/	除法			
	模(求余)	%	整数取余	整型	整型	

有关算术运算符需要说明以下几点。

(1) 除法运算符/：若两个整数相除，则结果为整数，如 5/3 的结果为 1，舍去小数部分。若两个运算对象中至少有一个是实型，则结果就是实型。

(2) 若参加+、-、*、/运算的两个数有一个为实数，则结果为 double 型，因为所有实数都按 double 型进行计算。

(3) 求余运算符%：要求两个操作数均为整型，结果为两数相除所得的余数。求余也称为求模。一般余数的符号与被除数符号相同。例如，8%5=3，-8%5=-3，8%-5=3。

(4) 双目运算符优先级，*、/、%同级，+、-同级，并且前三个高于后两个。

2. 算术表达式

算术表达式是指用算术运算符和括号将运算对象(也称操作数)连接起来的、符合 C 语言语法规则的表达式。运算对象可以是常量、变量、函数等。例如，a * b/c-1.5+'a'。

需要注意的是，C 语言算术表达式与数学表达式的书写形式有一定的区别，具体如下。

(1) C 语言算术表达式的乘号(*)不能省略。例如，数学表达式“b^2-4ac”对应的 C 表达式应该写成“b * b-4 * a * c”。

(2) C 语言表达式中只能出现字符集允许的字符。例如，数学表达式“πr^2”对应的 C 表达式应该写成“PI * r * r”(其中 PI 是已经定义的符号常量)。

(3) C 语言算术表达式不允许有分子分母的形式。

(4) C 语言算术表达式只使用圆括号改变运算的优先顺序(不要使用{}、[])。可以使用多层圆括号，左右括号必须配对，运算时从内层括号开始，由内向外依次计算表达式的值。

3. 运算符的优先级与结合性

C 语言规定了进行表达式求值过程中各运算符的优先级和结合性。

(1) 运算符的优先级。在表达式求值时,先按运算符的优先级别高低次序执行。例如,表达式 a-b * c 等价于 a-(b * c),“ * ”运算符优先级高于“-”运算符。

(2) 运算符的结合性。如果在一个运算对象两侧的运算符的优先级别相同,则按规定的结合方向处理。有以下两种结合方向。

左结合性(自左向右结合方向):运算对象先与左面的运算符结合。

右结合性(自右向左结合方向):运算对象先与右面的运算符结合。

(3) 在书写多个运算符的表达式时,应当注意各个运算符的优先级,确保表达式中的运算符能以正确的顺序参与运算。对于复杂表达式,为了清晰起见可以加圆括号“()”强制规定计算顺序。

2.3.2　赋值运算符和赋值表达式

在 C 语言中,可以通过赋值运算直接为变量提供数据。赋值运算是 C 程序中最为广泛的一种运算。

1. 赋值运算符

赋值运算符用赋值符号(=)表示,它的作用就是将一个数据赋给一个变量。

2. 赋值表达式

赋值表达式用于计算右边表达式的值,把右边表达式的值赋给左边的变量。其格式如下。

```
变量=表达式
```

例如,表达式 x=y 的作用是将变量 y 存储单元中的数据赋给变量 x,x 中原有的数据被替换掉。赋值后,变量 y 中的内容不变。

需要说明以下几点。

(1) 赋值运算符左边必须是变量,右边可以是常量、变量或常量、变量、函数调用组成的表达式。例如,y=x+10、y=func()都是合法的赋值表达式,而 a+b=c 是非法的。

(2) 赋值符号“=”不同于数学的等号,它没有相等的含义,而是进行“赋予”操作。

例如,C 语言中 x=x+1 是合法的(数学上不合法),它的含义是取出变量 x 的值加 1,再存放到变量 x 中。

(3) 赋值运算时,当赋值运算符两边的数据类型不同时,将由系统自动进行类型转换。转换原则为先将赋值号右边表达式类型转换为左边变量的类型,然后赋值。

注意:将实型数据(单、双精度)赋给整型变量时,将舍弃实数的小数部分。

(4) C 语言的赋值符号(=)除了表示一个赋值操作外,还是一个运算符,即赋值运算符完成赋值操作后,整个赋值表达式会产生一个所赋的值,这个值还可以利用。

例如,分析表达式 x=y=3+5。

y=3+5:先计算 3+5,将结果 8 赋值给 y,y 的值为 8,y=3+5 整个赋值表达式值为 8。

x=y=3+5:将上面 y=3+5 整个赋值表达式的值 8 赋给变量 x,x 的值为 8,x=y=3+5 整个赋值表达式值为 8。

(5) 赋值运算符的优先级只高于逗号表达式,比其他运算符的优先级都低,且具有自右向左的结合性。

3. 复合赋值表达式

复合赋值运算符由一个双目运算符和一个赋值运算符构成。C 语言规定可以使用 10 种复合赋值运算符,其中与算术有关的复合赋值运算符有:+=、-=、*=、/=、%=(注意:两个符号之间不可以有空格)。

例如,n+=1 与 n=n+1 等价;n*=m+3 与 n=n*(m+3)等价。

a+=a-=a+a 等价于 a=a+(a=a-(a+a))。若 a 为 9,则表达式的值为-18。

采用复合赋值运算符,一是为了简化程序,使程序简练,二是为了提高编译效率。

注意:赋值运算符、复合赋值运算符的优先级比算术运算符低。

2.3.3 自增自减运算符和表达式

自增自减运算符是 C 语言中最具特色的两个单目运算符,其操作对象只有一个,这两个运算符既可以放在操作对象之前,也可以放在操作对象之后。它们的功能是自动将运算对象增 1 或减 1,然后把运算结果回存到运算对象中。例如:

(1) ++k、--k。

(2) k++、k--。

上述两种形式在独立使用时,效果一样,都等价于 k=k+1 或 k=k-1。区别在于,第(1)种形式是先使 k 增 1 或减 1,再使用 k;第(2)种形式是先使用 k 的值,再将 k 增 1 或减 1。例如:

```
i=3;printf("%d",++i);
/*输出 4*/
i=3;printf("%d",i++);
/*输出 3*/
```

需要注意以下几点。

(1) ++i、--i(前置运算):先自增、自减,再参与运算;i++、i--(后置运算):先参与运算,再自增、自减。

(2) 自增、自减运算符只用于变量,而不能用于常量或表达式。例如,6++、(a+b)++、(-i)++都不合法。

(3) ++、--的结合方向是自右向左(与一般算术运算符不同)。例如,有表达式-i++,其中 i 的值为 3。由于负号运算符与自加运算符的优先级相同,结果方向是自右往左,即相当于

-(i++)。此时++属于后缀运算符,表达式的值为-3,i 的值为 4。

(4) 自增、自减运算符常用于循环语句中,使循环变量自动加 1,也用于指针变量,使指针指向下一个地址。

(5) C 语言中函数调用时,如果自增或自减出现在实参中,对于实参的求值顺序,C 标准也无统一规定。例如:

```
i=3;printf("%d,%d",i,i++);
```

在 Turbo C 环境下执行结果为 4,3;在 Visual C++环境下执行结果为 3,3。

当出现"m+++n"这样的表达式时,C 编译系统在处理时尽可能多地(自左而右)将若干字符组成一个运算符,上式被理解成(m++)+n,而不是 m+(++n)。

总之,尽量不要写别人看不懂(难看懂),也不知道系统会怎样执行的程序。

2.3.4 逗号运算符和逗号表达式

逗号运算符是 C 语言提供的又一种特殊的运算符。用逗号运算符将两个或多个表达式连接起来,构成一个完整的表达式,称为逗号表达式。

逗号表达式的一般形式如下。

```
表达式 1,表达式 2,…,表达式 n
```

逗号表达式的求解过程是:自左向右,求解表达式 1,求解表达式 2,…,求解表达式 n。整个逗号表达式的值是表达式 n 的值。

注意:逗号表达式的优先级最低,结合顺序为自左向右。

例如,表达式"a=3*5,a++,a*4"的值为 64,变量 a 的值为 16。

逗号表达式主要用于将若干表达式"串联"起来,表示一个顺序的操作(计算),在许多情况下,使用逗号表达式的目的只是想分别得到各个表达式的值,而并非一定需要得到和使用整个逗号表达式的值。

【例 2-3】 逗号表达式的应用示例,程序代码如下。

```
#include<stdio.h>
main()
{
  int a=2;
  int b=6;
  int c=5;
  int d=(a=a+b,b=c*a,c=c+a);   //a=8,b=40,c=13,d=13
  printf("d=%d",d);
}
```

程序运行结果如图 2-4 所示。

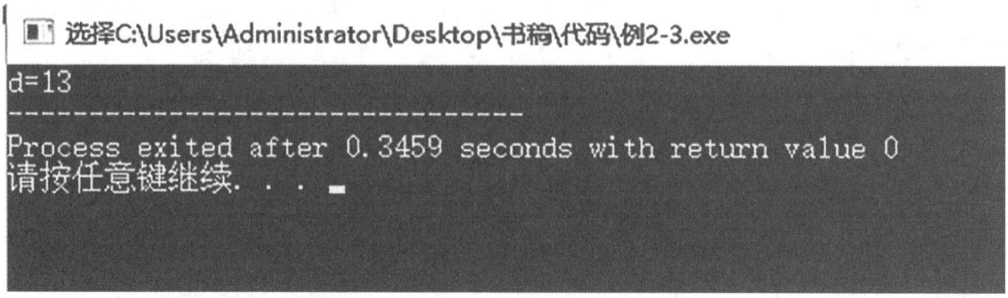

图 2-4 【例 2-3】程序运行结果

2.3.5 不同类型数据间的转换

1. 表达式计算中的数据类型转换

C 语言允许不同类型的数据混合运算，当不同类型的数据在运算符的作用下构成表达式时要进行类型转换，即把不同的类型先转换成统一的类型，然后进行计算。

通常数据之间的转换遵循的原则是“类型提升”，即如果一个运算符有两个不同类型的数据操作，那么在运算之前，先将较低类型的数据提升为较高类型，然后进行运算，其结果数据是较高类型。一般来说，运算过程中系统自动转换的，称为隐式转换。

说明：

(1) 转换按数据长度长的类型转换。例如，int 型数据和 long 型数据运算时，先把 int 型转换为 long 型后再进行计算。

(2) 所有浮点数运算都是以 double 型数据进行的。若一个表达式中仅含 float 型数据，也要先把 float 型数据转换为 double 型，再进行运算，结果自然是 double 型数据。

(3) char 型数据和 short 型数据参与运算时，必须先将其转换为 int 型，结果为 int 型。

2. 强制类型转换表达式

强制转换是通过类型转换运算来实现的，用于把表达式的结果强制转换为类型说明符所表示的类型。其一般形式如下。

```
(类型说明符)表达式
```

例如：

```
(int)a          //将 a 的结果强制转换为整型量
(int)(x+y)      //将 x+y 的结果强制转换为整型量
(float)a+b      //将 a 的内容强制转换为浮点数，再与 b 相加
```

说明：

(1) 类型说明和表达式都需要加括号(单个变量可以不加括号)。

(2) 无论隐式转换还是强制转换都是临时转换，不改变数据本身的类型和值。

【例 2-4】 强制类型转换示例。

```
#include<stdio. h>
main( )
{
  int a,b,c;
  double d;
  b=5;
  //强制类型转换只对离它最近的操作数有效,可以使用括号来限定作用范围
  a= (int)(3. 6+7/2) ;
//整型除以整型的结果仍然为整型
  c=(double)(b/2)+4. 5;
  d= b/2+4. 5;
  printf("a=%d\n",a);
  printf("c=%d\nd=%f\n",c,d);
}
```

程序运行结果如图 2-5 所示。

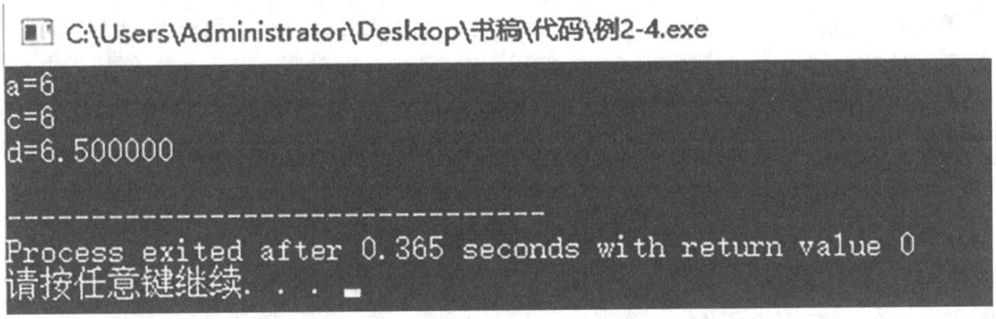

图 2-5 【例 2-4】程序运行结果

程序分析

(1) 计算 b/2,因两个运算数均为整型,故进行整型除法。b/2 等于 2. 5,取整,结果为 2。

(2) 将 2 强制转换成 double 型,结果为 2. 0。

(3) 计算 2. 0+4. 5,浮点型加法,结果为 6. 5。

(4) 将 6. 5 赋值给 int 型变量,取整,结果为 6。

(5) 将 6. 5 赋值给 double 型变量,结果为 6. 500000。

等级考试重难点与真题解析

本模块主要考查基本数据类型、运算符和表达式。通过对历年考试内容的分析,本模块

属于重点考查内容。考点基本都属于基础知识,相对来说比较简单。自加、自减运算需要加强掌握,经常结合其他知识点综合考查。

一、重难点解析

1. 标识符

用户标识符只能由字母、数字和下划线组成,且第一个字符必须为字母或下划线。标识符的命名应该规范化,具体要根据下面几个原则来命名。

(1) 选取有实际意义的标识符名称。

(2) 标识符的名字不宜太长。必要时可以用一些缩写,有大小写之分。

(3) 为了便于区分,不同的标识符不要取过于相似的名字。

(4) 为了使说明部分阅读起来更加清晰,在对其进行类型说明时,应按照某种顺序对各种类型的变量进行集中说明,如先说明简单类型,再说明记录类型;在使用一个说明语句对同一类型的多个变量进行说明时,按照变量名中的字母顺序进行排列。

2. 常量

1) 整型常量

在 C 语言中,整型常量包括十进制整数、八进制整数(在八进制整数的前面加数字 0)、十六进制整数(在十六进制整数的前面加 0x)、长整型常量(在整数的后面加一个大写字母 L 或小写字母 l)。

2) 字符常量

C 语言的字符常量代表 ASCII 码字符集里的一个字符,在程序中要用单引号括起来。转义字符是以“\”开始的一个字符序列,主要用来表示一些不可显示的字符或控制代码,在程序中使用这种常量时也要括在一对单引号中。例如,'\ddd' 是 1~3 位八进制数 ddd 对应的符号,'\xhh' 是 1~2 位十六进制数 hh 对应的符号。

在内存中,字符数据以 ASCII 码存储,它的存储形式与整数的存储形式类似,因此,一个字符数据既可以以字符形式处理、输出,也可以以整数形式处理、输出。

3) 符号常量

符号常量的定义实际是宏定义的特例,是以“#define”开头的编译预处理命令。

为了区别于一般的变量名,符号常量通常用大写字母。例如,NULL、EOF 是系统提供的符号常量,分别与 0、-1 等值,使用前必须在程序开头加上“#include <stdio. h>”编译预处理命令。

3. 变量

变量必须先定义再使用,当程序运行时,每个变量都要占用连续的若干字节,所占用的字节数由变量的数据类型确定。

C 语言规定,变量可以是任何一种数据类型,如整型(int)、短整型(short)、长整型(long)、无符号整型(unsigned int)、单精度型(float)、双精度型(double)、字符型(char)等基本类型。对变量的定义可以放在函数之外,也可以放在函数体中或复合语句中。若放在函数体中或复合语句中,则必须集中放在最前面。

4. 运算符及表达式

C 语言的运算符十分丰富,必须分析各类运算符的特征,从而记住它们的优先级和结合性。例如,所有的单目运算符的优先级均为第二级,结合性均为自右向左等。

1) 自增自减运算符

自增自减运算符的作用是使变量的值增 1 或减 1。例如,i++相当于 i=i+1;--i 相当于 i=i-1。因此,自增自减运算本身也是一种赋值运算。

(1) ++和--单目运算符,运算对象可以是整型变量也可以是实型变量,但不能是常量或表达式。

(2) 用自增自减运算符构成表达式时,既可以以前缀形式出现,也可以以后缀形式出现。无论前缀还是后缀,对于变量本身来说都具有相同的效果,但作为表达式来说却有着不同的值。例如,若有"int i=3;x=++i;",i 和 x 以及表达式的值都为 4;而执行"x=i++;"后,x 和表达式的值为 3,但 i 的值为 4。

2) 不同类型数据之间的混合运算和转换

当不同类型的数据混合运算时,系统会自动统一类型后再做运算等处理。在赋值表达式中,当赋值号(=)左右两边对象类型不一致时,系统自动将右边对象的类型转换成左边对象的类型后,再赋值给左边的对象;在算术表达式中,运算对象先按"就高不就低"的原则,统一类型后再进行运算。

有些运算符对运算对象的类型有严格要求。例如,整除求余运算符%,要求左右两边的操作数均为整型,2.0%5 是错的,若想将 2.0 转换成 2,可以采用强制类型转换运算符来处理,即改写成(int)2.0%5。

3) 长度运算符

长度运算符是单目运算符,其运算对象可以是任何数据类型符或变量,运算结果是所测数据类型应占用的字节数。注意,运算对象必须用圆括号。例如,sizeof(float)的结果为 4。

二、真题解析

1. 请选出可用作 C 语言用户标识符的一组标识符(　　)。[2017 年 9 月]

A. void	B. a3_b3	C. For	D. 2a
define	_123	-abc	DO
WORD	IF	Case	sizeof

解析 用户标识符只能由字母、数字和下划线组成,且第一个字符必须为字母或下划线,C 中"-abc"和 D 中"2a"都错误。关键字是 C 语言系统设置特定含义、专门用途的字符序列,不能作为其他用途,A 中"void"和"define"不允许,所以答案为 B。

2. 请选出合法的 C 语言赋值语句(　　)。[2017 年 9 月]

A. a=b=58　　B. i++;　　C. a=58,b=58　　D. k=int(a+b);

解析 A 和 C 最后没有分号都不是语句;D 错误,应该描述为"k=(int)(a+b);",所以答案为 B。

3. 设"int a=12",则执行完语句"a+=a-=a＊a"后,a 的值是(　　)。[2017 年 9 月]

A. 552　　B. 264　　C. 144　　D. -264

解析 "a+=a-=a＊a"等价于"a=a+(a=a-(a＊a))",先计算"a=a-(a＊a)",即"a=12-(12＊12)",a 的值和表达式的值都为-132,再计算"a=-132+(-132)",结果为-264,所

以答案为 D。

4. 字符(char)型数据在微机内存中的存储形式是(　　)。[2017 年 9 月]

A. 反码　　B. 补码　　C. EBCDIC 码　　D. ASCII 码

解析 字符数据在内存中占 1 个字节,存放的是字符的 ASCII 码值,所以答案为 D。

5. 假设在程序中 a、b、c 均被定义成整型,且已赋大于 1 的值,则下列能正确表示代数式 $\frac{1}{abc}$ 的表达式是(　　)。[2017 年 9 月]

A. 1/a * b * c　　B. 1/(a * b * c)　　C. 1/a/b/(float)c　　D. 1.0/a/b/c

解析 第一个表达式分母漏掉括号,加括号后跟第二个表达式一样,因为 a、b、c 被定义成整型,且赋大于 1 的值,C 规定两个整数相除结果为整数部分,这样前三个表达式结果都为 0,所以答案为 D。

6. 在 C 语言中,如果下面的变量都是 int 类型,则输出的结果是(　　)。[2017 年 4 月]

```
sum=pad=5; pAd=sum++,pAd++,++pAd;
printf("%d\n",pad);
```

A. 7　　B. 6　　C. 5　　D. 4

解析 第一个赋值语句使 pad 为 5,在 C 语言中标识符都有大小写之分,所以后面的语句都是针对另一个变量 pAd 操作的,没有改变 pad 的值,答案为 C。

7. 设有语句“char a='\72';”,则变量 a(　　)。[2017 年 4 月]

A. 包含 1 个字符　　B. 包含 2 个字符

C. 包含 3 个字符　　D. 说明不合法

解析 反斜线后跟一个八进制数来表示一个 ASCII 字符,所以答案为 A。

8. sizeof(double)是(　　)。[2017 年 4 月]

A. 一种函数调用　　B. 一个双精度型表达式

C. 一个整型表达式　　D. 一个不合法的表达式

解析 sizeof 是长度运算符,运算结果是所测数据类型应占用的字节数,答案为 C。

9. 以下程序的输出结果是(　　)。[2016 年 9 月]

```
main()
{
  int x=023;
  printf(%d\n",--x);
}
```

A. 17　　B. 18　　C. 23　　D. 24

解析 x 初始化为八进制 023,十进制为 19,--x 使结果为 18,所以答案为 B。

10. 在 C 语言中,合法的长整型常数是(　　)。[2015 年 9 月]

A. 0L　　B. 4962710　　C. 0.054838743　　D. 2.1869e10

解析 整数不带小数点，所以 C、D 是错误的，在数据后面加 l 或 L 说明为长整型数，所以答案为 A。

思考与练习

一、选择题

1. 若已定义 x 和 y 为 double 类型，那么表达式 x=1,y=x+4/3，则 y 的值是(　　)。

A. 1　　B. 2　　C. 2.0　　D. 2.3

2. 在以下一组运算符中，优先级最低的是(　　)。

A. +　　B. *　　C. =　　D. --

3. 以下选项中(　　)是不正确的 C 语言字符型常量。

A. "a"　　B. '*'　　C. ='\101'　　D. ''

4. 以下选项中合法的用户标识符是(　　)。

A. long　　B. test　　C. 3Dmax　　D. —D

5. 若有定义：int x=1111,y=222,z=33;

则语句 printf("{0}+{1}+{2}", x, y, z); 运行后的输出结果为(　　)。

A. 111122233　　B. 1111,222,33

C. 1111　222　33　　D. 1111+222+33

6. 以下说法正确的有(　　)。

A. 整型常量和实型常量又称为数值型常量，它们有正负之分

B. 用户标志符不区分大小写字母

C. 没有声明过的变量也可以在程序中使用

D. C 语言不允许不同类型的数据混合运算

7. 以下(　　)是不正确的字符串常量。

A. "12 12"　　B. 'abc'

C. "0"　　D. " "

8. 若有定义：int k,i=3,j=3; ，则表达式 k=(++i)*(j--) 的值是(　　)。

A. 9　　B. 8

C. 10　　D. 12

9. 以下选项中，与 k=n++完全等价的表达式是(　　)。

A. k=n,n=n+1　　B. n=n+1,k=n

C. k=++n　　D. k+=n+1

10. 以下程序的输出结果为(　　)。

```
main()
{ char m;
  m=(char)((int)'A'+32);
Console.WriteLine("{0}",m);
}
```

A. a　　B. A　　C. 32　　D. A+32

二、编程题

1. 输入两个整数 a,b,计算(a+b)(a-b)/2 的值是多少。

2. 输入一个小写字母,将它转换为大写字母并输出。

3. 输入一个三位整数,判断百位上的数是不是最大的。

4. 从 1 到 9 中选择一个你喜欢的数,先加上 7,然后乘以 4,再减去 3,最后把个位和十位相加,得到什么?

模块 3 顺序结构程序设计

案例引入——学生歌唱比赛得分管理中数据的输入、计算与输出

任务描述

选手得分表如表 2-1 所示，分析得分成绩表中的各列数据，对每列数据使用适当类型的常量或定义适当的变量。

1. 完成以下任务

(1) 模拟比赛现场，从键盘输入评委打分(j1，j2，j3)、观众投票得分(avs)。

(2) 使用变量计算选手专业得分(sc)，和最终得分(fC)。

(3) 使用常量输出选手的姓名(name)，并输出选手的最终成绩。

(4) 完成 2 位选手的信息输入，按照要求进行计算并输出结果。

2. 几点说明与要求

(1) 选手专业得分(SC)为 j1，j2，j3 的平均值。

(2) 最终得分(FC)为 SC 的 60%加上观众投票得分 avs 的 40%。

(3) 格式输出要清晰、整齐。

(4) 对于实型数据采用保留一位小数并输出。

(5) 可以通过重复以上操作处理若干位选手的成绩。

任务目标

(1) 能够熟练地根据数据处理需求使用合适的数据类型常量，定义合适的数据类型变量。

(2) 能够熟练地根据数据处理需求正确编写表达式。

(3) 能够使用赋值表达式计算处理，使用正确的格式输入/输出，能进行顺序结构程序设计。

(4) 培养程序设计人员耐心、细致、追求完美的基本素质。

源代码展示

```
#include<stdio. h>
main( )
{
  int j1,j2,j3,i=1;
  float avs,sc,fc;
  printf("请输入第%d 位选手的得分(ji,j2,j3),观众投票得分(avs)\n",i);
  scanf("%d%d%d%f",&j1,&j2,&j3,&avs); //输入三个评委的打分
  sc=(float) (j1+j2+j3)/3; //计算选手专业得分
  fc=sc * 0. 6+avs * 0. 4; //计算最终成绩
  //输出第一个选手的信息
  printf("第 %d 位选手 刘飞飞 最终得分是:%6. 1f\n",i,fc);
  printf("------------------------------------------\n");
  i++;
  printf("请输入第%d 位选手的得分(ji,j2,j3),观众投票得分(avs)\n",i);
  scanf("%d%d%d%f",&j1,&j2,&j3,&avs); //输入三个评委的打分
  sc=(float) (j1+j2+j3)/3; //计算选手专业得分
  fc=sc * 0. 6+avs * 0. 4; //计算最终成绩
  //输出第一个选手的信息
  printf("第 %d 位选手 白晓晨 最终得分是:%6. 1f\n",i,fc);
  printf("------------------------------------------\n");
  i++;
}
```

运行结果

程序的运行结果如图 3-1 所示。

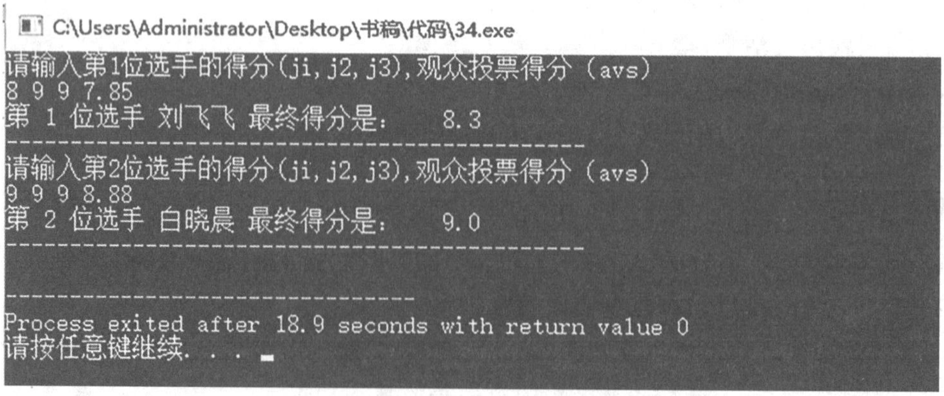

图 3-1 “计算参赛选手的最终得分”程序运行结果

程序分析

分析选手得分表中的各个数据项,根据要求设计选手的专业得分计算公式 sc=(j1+j2+j3)/3,最终得分的计算公式 fc=sc*0.6+avs*0.4,输入某个选手 3 个评委打分和观众投票得分,然后进行计算,最后根据要求保留一位小数输出。其他选手的最终成绩用同样的方法进行计算。

知识讲解

在进行程序设计时,通常采用 3 种程序结构,即顺序结构、选择结构和循环结构。其中顺序结构是最基本、最简单的程序结构,也是进行复杂程序设计的基础。赋值操作和输入/输出操作是顺序结构最典型的操作。通过本模块的学习,学生可以开始最简单的 C 程序设计。

3.1 程序的三种基本结构

为了提高程序设计的质量和效率,现在普遍采用结构化程序设计方法。结构化程序由顺序结构、选择结构和循环结构 3 种基本结构组成。

1. 顺序结构

顺序结构是最简单的一种程序结构,语句是按书写的顺序执行的,语句的执行顺序与书写顺序一致。顺序结构的传统流程如图 3-2 所示,顺序结构的 N-S 流程如图 3-3 所示。

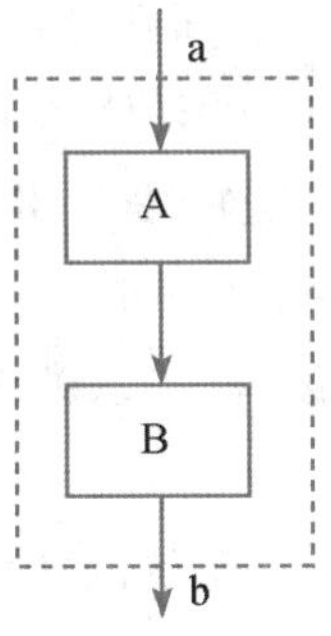

图 3-2　顺序结构的传统流程

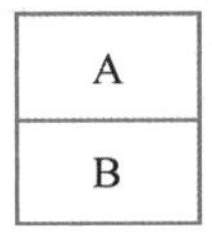

图 3-3　顺序结构的 N-S 流程

2. 选择结构

选择结构又称分支结构,是根据给定的条件 P 是否成立而选择执行语句块 A 还是语句块 B 的结构。选择结构的传统流程如图 3-4 所示,选择结构的 N-S 流程如图 3-5 所示。

3. 循环结构

循环结构是当满足某种循环条件时,将一条或多条语句重复执行若干遍,直到不满足循环条件为止的结构。循环结构的传统流程如图 3-6 所示，循环结构的 N-S 流程如图 3-7 所示。

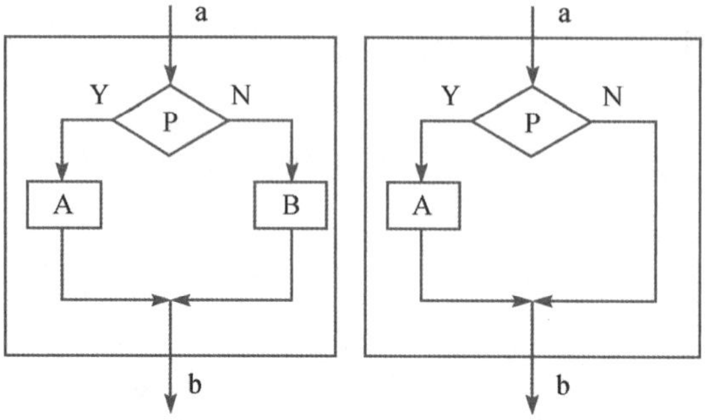

图 3-4　选择结构的传统流程

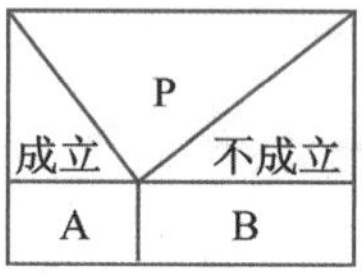

图 3-5　选择结构的 N-S 流程

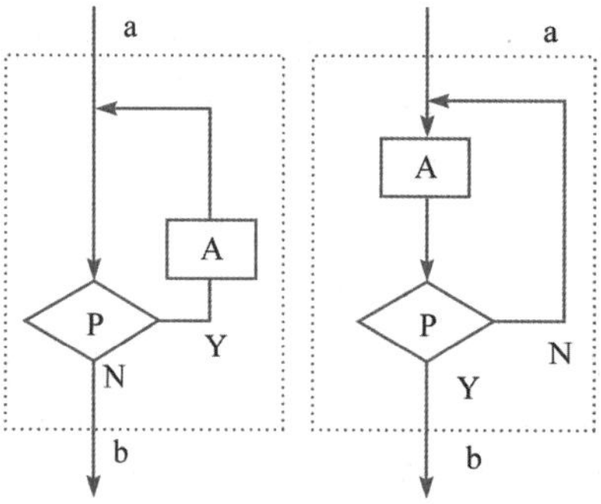

(a)当型循环　　(b)直到型循环

图 3-6　循环结构的传统流程

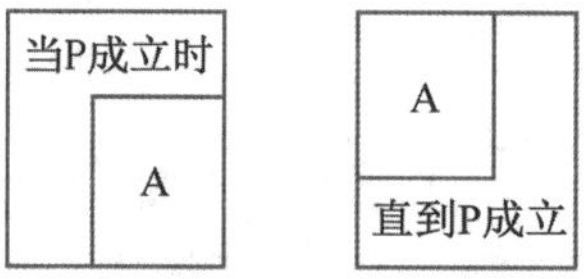

(a)当型循环　　(b)直到型循环

图 3-7　循环结构的 N-S 流程

循环结构有以下两种类型。

（1）当型循环。当条件 P 成立时，反复执行 A 操作，直到 P 条件不成立为止。当型循环先判断，决定是否执行循环体，在条件 P 一次都不满足时，循环体 A 可能一次都不执行。

（2）直到型循环。当条件 P 不成立时，反复执行 A 操作，直到 P 条件成立为止。直到型循环先执行循环体 A，然后判断条件 P，所以循环体至少执行一次。

注意：三种结构中的 A、B 框可以是一个简单的操作，也可以是 3 种基本结构之一，也就是说基本结构可以嵌套。

已经证明，由 3 种基本结构组成的算法可以解决任何复杂的问题，这种算法称为结构化算法。应当强调的是，在今后的程序设计中应当采用结构化程序设计方法。

3.2 赋值语句

赋值语句是由赋值表达式加分号构成的。例如，“a=b+c”是赋值表达式，“a=b+c;”则是赋值语句。

可以有如下几种赋值语句。

(1) 简单赋值语句,如“a=a+b;”。

(2) 复合赋值语句,如“i+=1;”等价于“i=i+1;”。

(3) 自增自减赋值语句,如“i++;”等价于“i=i+1;”,“i--;”等价于“i=i-1;”。

(4) 逗号赋值语句,如“i=1,j=2;”。

当同一个变量出现在赋值号两边时,对右边的变量进行的是取(读取)值运算,变量值不变;对左边的变量进行的是赋(写存)值运算,变量值更新。

例如,计数和累加运算的代码及过程如下。

```
i=0;s=0;          i                s
i=i+1;            1 /* 计数 */     scanf("%f",&cj);      /* 输入成绩 */
s=s+i;            1 /* 累加 */     s=s+cj;               /* 累加 */
i=i+1;            2                scanf("%f",&cj);
s=s+i;            3                s=s+cj;
i=i+1;            3                scanf("%f",&cj);
s=s+i;            6                s=s+cj;
i=i+1;            4                scanf("%f",&cj);
s=s+i;            10(1+2+3+4)      s=s+cj;          /* s=cj1+cj2+cj3+cj4 */
```

再例如,交换变量 x、y 的值的代码如下。

```
int x,y,t;
x=5;y=6;
t=x;x=y;y=t;
```

3.3 复合语句和空语句

复合语句、空语句和 C 语言中的其他语句一样,是程序设计中必不可少的语句,只有了解语句本身的功能和作用,并在程序中合理地使用,才能编写出清晰、高质量的程序。

1. 复合语句

用“{}”括起来一些语句(语句序列)称为复合语句,又称为语句块。

一般情况下,凡是允许出现语句的地方都允许使用复合语句。在程序结构上复合语句被看作一个整体的语句,但是内部可能完成了一系列工作。

需要注意的是,C 程序书写格式一般要求一条语句占一行,但在复合语句中,一般将彼此关联的或表示一个整体的一组较短的语句写在一行上。

在复合语句中,不仅可以有执行语句,也可以有定义部分,定义本复合语句中的局部变量。

例如：

```
{ int t;t=a;a=b;b=t;}
```

2. 空语句

空语句是只有一个分号的语句，它什么也不做。例如：

（1）空循环 100 次。

```
for(i=0;i<100;i++)
;  /*“;”表示循环体,表示一个延时或表示目前还不必做什么事情*/
```

（2）如果条件满足什么都不做，否则完成某些工作。

```
if()
  ;   /*“;”表示 if 块,什么都不做*/
else
{ ......}
```

程序中有时需要加一个空语句来表示存在一条语句，但随意加分号也会导致逻辑上的错误，而且这种错误十分隐蔽，编译器也不会提示逻辑错误，初学者一定要小心、慎用。

3.4 数据的输入与输出

所谓输入与输出，是以计算机主机为主体而言的。从计算机向外部输出设备（如显示器、打印机、磁盘等）输出数据称为“输出”，从输入设备（如键盘、磁盘、扫描仪等）向计算机输入数据称为“输入”。

C 语言本身不提供输入/输出语句，输入/输出操作是由函数来实现的。C 语言的标准函数库中提供有许多用于实现输入/输出操作的库函数，使用这些函数时，只要在程序开始的位置上加上如下编译预处理命令即可。

```
#include <stdio.h>
```

或

```
#include "stdio.h"
```

它的作用是将输入/输出函数的头文件 stdio.h 包含到用户源文件中。其中，h 为 head

的缩写,stdio 是 standard input & output 的缩写。考虑到 printf 和 scanf 函数使用频繁,系统允许在使用这两个函数时可不加#include 命令。

3.4.1 字符的输入与输出

1. 字符输出函数

字符输出函数 putchar 用于向输出设备(显示器)输出一个字符(可以是可显示的字符,也可以是控制字符或其他转义字符)。其语法格式如下。

```
putchar(字符型表达式);
```

例如:

```
putchar('y');     /*输出字母 y */
putchar('\n');    /*输出一个换行符*/
```

2. 字符输入函数

字符输入函数 getchar 用于从终端(键盘)输入一个字符,以 Enter 键确认。函数的返回值就是输入的字符。其语法格式如下。

```
getchar();
```

使用 getchar 函数需要注意以下两点。

(1) 从键盘输入字符型常量时不用单引号,输入字符后,按 Enter 键。

(2) getchar()只能接受一个字符,getchar 函数得到的字符可以赋给一个字符变量或整型变量,也可以不给任何变量,作为表达式的一部分。

【例 3-1】 从键盘输入一个小写字母,输出其对应的大写字母(提示:大小写字母的 ASCII 值相差 32)。

程序代码如下。

```
#include<stdio.h>
main()
{
  char c1;
  c1=getchar();
  putchar(c1);//原样输出
  putchar('\n');//换行
  putchar(c1-32);//转变成大字字母并输出
  printf("\n%c", c1-32 );//另一种方式转变成大字字母并输出
}
```

程序运行结果如图 3-8 所示。

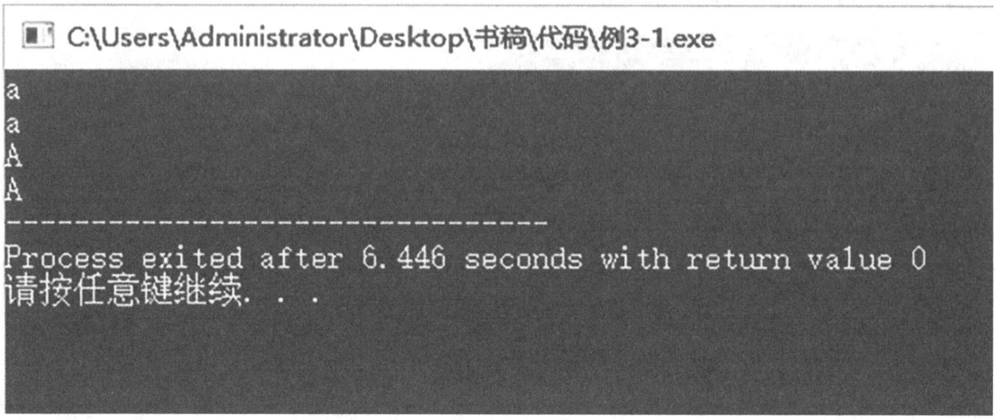

图 3-8 【例 3-1】程序运行结果

3.4.2 格式输出函数

1. 格式

格式输出函数 printf 有以下两种格式。

(1) 直接输出字符串,其语法格式如下。

```
printf("字符串");
```

(2) 计算若干任意类型表达式的值,按格式向输出设备输出。其语法格式如下。

```
printf("格式控制字符串",输出表列);
```

例如:

```
printf("%d,%c,%d",65,65,'A'+1);
/* 输出:65,A,66 */
```

对于格式(2)有以下两点说明。

① 格式控制字符串。格式控制字符串可以是下列两种形式的组合。

格式说明:%格式字符。格式说明是用于规定对应输出项内容的输出格式,它由%和格式字符组成。

普通说明:原样输出的其他字符。一般使用“普通说明”给出输出结果的一些提示或间隔,使输出的值清晰、整齐。

② 输出表列。输出表列是指要输出的数据,可以是常量、变量或表达式,输出多个数据时以“,”分隔。

2. 格式字符

对不同类型的数据用不同的格式字符。常用的有以下几种字符。

(1) d 格式符,用来输出十进制整数。

① %d:按整数数据的实际长度输出。

② %md:m 为指定输出的宽度。若 m≤数据的实际位数,按实际宽度输出;若 m>实际位数,则右对齐,左补空格。

③ %-md:m 为指定输出的宽度。若 m≤实际位数,按实际宽度输出;若 m>数据的实际位数,则左对齐,右补空格。

④ %ld:输出长整型数据。

(2) o(是字母 o,不是零)格式符,用来输出八进制整数。%o 表示将内存单元中的各位的值按八进制形式输出,输出的数值不带符号,即将符号位也一起作为八进制的一部分输出。

例如:

```
int a=-1;
printf("%d,%o",a,a);
/* 输出为:-1,177777 */
```

对长整型数据可以用"%lo"格式输出,同样也可以指定宽度。

(3) x 格式符,用来输出十六进制整数。%x 表示以十六进制数形式输出整数,同样不会出现负的十六进制数。

例如:

```
int a=-1;
printf("%d,%o,%x",a,a,a);
/* 输出为:-1,177777,ffff */
```

同样可以用"%lx"输出长整型数,也可以指定输出的宽度。

(4) u 格式符,用来输出无符号整数。一个有符号整数(int)也可以用%u 格式输出;反之,一个无符号数据也可以用%d 格式输出。无符号整数也可以用%o 或%x 格式输出。

(5) c 格式符,用来输出一个字符。

例如:

```
char ch='a';
printf("%c",ch);
```

一个整数,只要它的值为 0~255,也可以用字符形式输出。在输出前,系统会将该整数作为 ASCII 码转换为相应的字符;反之,一个字符数据也可以用整数输出。

【例 3-2】 整数和字符输出示例。

程序代码如下。

```
#include<stdio. h>
main()
{
  int a=97;
  char c1='a';
  printf("%c,%d\n", a,a);
  printf("%c,%d\n", c1,c1);
}
```

程序运行结果如图 3-9 所示。

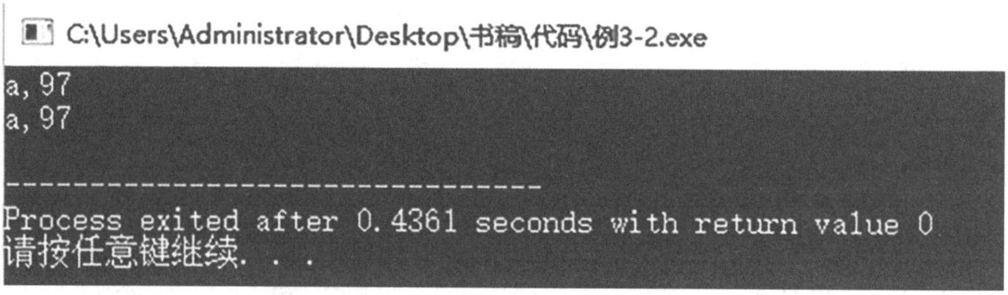

图 3-9 【例 3-2】程序运行结果

(6) s 格式符,用来输出一个字符串。有以下几种用法。

① %s:输出字符串。例如:

```
printf("%s","Hello");
```

输出“Hello”字符串(不包含双引号)。

② %ms:输出的字符串占 m 列。若字符串本身长度大于 m,则按实际宽度输出;若串长小于 m,则左补空格。

③ %-ms:若串长小于 m,则字符串向左靠,右补空格。

④ %m. ns:输出占 m 列,但只取字符串左边 n 个字符。这 n 个字符输出在 m 列的右侧,左补空格。

⑤ %-m. ns:其中 m、n 含义同上,n 个字符输出在 m 列的左侧,右补空格。若 $n>m$,则 m 自动取 n 值,即保证 n 个字符输出。

(7) f 格式符,用来输出实数(float、double),以小数形式输出。有以下几种用法。

① %f:不指定字段的宽度,由系统自动设定,整数部分全部如数输出,并输出 6 位小数。单精度的有效位数一般为 7 位。

例如：

```
float x,y;
x=111111.111;
y=222222.222;
printf("%f",x+y);
/*输出结果为:333333.328125*/
```

显然，只有前 7 位数字是有效数字。

双精度数也可以用%lf 格式输出，输出 6 位小数，有效数字一般是 16 位。

② %m.nf：指定输出的数据共占 m 列，其中 n 位小数。若 $m \leqslant$ 数据实际位数，按实际宽度输出；若 $m>$实际位数，则左补空格。

例如：

```
float x=123.456;
printf("%f,%10.2f,%.3f,%.0f",x,x,x,x);
/*输出结果为:123.456001,□□□□123.46,123.456,123
```

③%-m.nf：指定输出的数据共占 m 列，其中 n 位小数。若 $m \leqslant$ 实际位数，按实际宽度输出；若 $m>$实际位数，则右补空格。

（8）e 格式符，以指数形式输出实数（float、double）。

① %e：不指定输出数据的宽度和小数位数。有的编译系统自动指定给出 6 位小数，指数部分占 5 位（e+005）。数值按规范化指数形式输出，小数点前必须有且只有一位非零数字，所以数据共占 13 位。

② %m.ne 与%-m.ne，m、n 和"-"含义与前相同。此处 n 指拟输出数据的小数部分（尾数）的小数位数。

（9）g 格式符。用来输出实数，它根据数据的大小，自动选 f 格式或 e 格式，且不输出无意义的零。

3. 使用 printf 函数的几点说明

（1）printf 的输出格式为自由格式，两个数之间是否有逗号、空格或回车，完全取决于格式控制，如果不注意，很容易造成数字连在一起，使得结果没有意义。例如：

```
printf("%d%d\n",x,y);
/*若 x=123,y=345,则输出 123345*/
```

（2）格式控制符必须含有与输出项一一对应的输出格式说明，类型必须匹配。若格式说明与输出项类型不一一匹配，则不能正确输出，而且编译时不会报错。若格式说明个数少于输出项个数，则多余的输出项不予输出；若格式说明个数多于输出项个数，则将输出一些毫无意义的数字乱码。

(3) 除了 X、E、G 外,其他格式字符必须用小写字母,如%d 不能写成%D。

(4) 在格式控制中,除了前面要求的输出格式,还可以包含任意合法字符,这些字符输出时将“原样照印”。还可以在“格式控制”字符串中包含转义字符,如“\n”。例如:

```
printf("a=%d,b=%d\n",a,b);
```

(5) 如果要输出“%”符号,可以在格式控制中用“%%”表示,则输出一个%。

(6) 尽量不要在输出语句中改变输出变量的值,因为可能会造成输出结果的不确定性。例如:

```
int k=8;
printf("%d,%d\n",k,++k);
```

输出结果为 9,9,而不是 8,9。这是因为调用函数 printf 时,参数是从右往左进行处理的。

3.4.3 格式输入函数

1. 格式

格式输入函数 scanf 用于按格式控制将输入设备的数据存入各变量。其语法格式如下。

```
scanf("格式控制字符串",地址表列);
```

(1) 格式控制字符串(与格式输出中的含义相同)。格式控制字符串可以是下列两种形式的组合。

① 格式说明:%格式字符。格式说明用于规定对应输入项的输入格式,它由%和格式字符组成。

② 普通说明:原样输入的其他字符。有时也使用“普通说明”给出输入数据的间隔,如“,”。一般不用“普通说明”进行提示,必要的提示一般在 scanf 之前使用 printf 实现。

(2) 地址表列。地址表列是由若干个等待输入的内存单元地址组成的,地址项之间用逗号分隔。C 语言中变量地址的表示是在变量前加前缀符号“&”,形式如下。

```
&变量 1,&变量 2,…,&变量 n
```

2. 格式字符

%c:输入一个字符,按 Enter 键结束。

%d(ld):输入十进制整型数 int(long)。

%f(lf):输入 float(double)型数据。

%e(le)：输入指数形式的 float 或 double 型数据。

%s：输入字符串，空白字符结束。

3. 使用 scanf 函数应当注意的问题

（1）scanf 函数中“格式控制”后面应当是变量地址，而不应是变量名。若仅仅给出变量名会出错，但不报错，只给出警告。例如：

```
scanf("%d,%d",a,b);/* 不合法 */
```

（2）格式控制符必须含有与输入项一一对应的格式说明符，类型必须匹配；若格式说明与输入项类型不一一对应匹配，则不能正确输入，而且编译时不会报错。若格式说明个数少于输入项个数，scanf 函数结束输入，则多余的输入项将无法得到正确的输入值；若格式说明个数多于输入项个数，scanf 函数也结束输入，多余的数据作废，不会作为下一个输入语句的数据。

（3）如果在“格式控制”字符串中除了格式说明以外还有其他字符，则在输入数据时在对应位置应当输入与这些字符相同的字符。建议不要使用其他字符。例如：

```
scanf("%d,%d,%d",&a,&b,&c);/* 应当输入 3,4,5,不能输入 3 4 5 */
scanf("%d:%d:%d",&h,&m,&s);/* 应当输入 12:23:36 */
scanf("x,y,z=%d%d%d",&x,&y,&z);/* 应当输入 x,y,z=10 20 30 */
```

但使用者一般不了解设计者设置的输入格式串，这种情况一般先使用 printf 进行一定的提示。例如：

```
printf("Please input x,y,z:");
scanf("%d%d%d",&x,&y,&z);
```

（4）在用%c 格式输入字符时，空格字符和转义字符都作为有效字符输入。因为空格也是一个字符，所以不要用空格作为两个字符的间隔。

（5）在输入数据时，遇到下面情况认为数据输入结束。

① 遇到空格或按 Enter 键或 Tab 键。例如：

```
int a,b,c;
scanf("%d%d%d",&a,&b,&c);
/* 输入:12  34 (Tab)  567 并按 Enter 键后,a=12,b=34,c=567 */
```

② 按指定的宽度结束。例如：%3d，只取 3 列。

③ 遇到非法的输入。例如：

```
float a,c;
char b;
```

```
scanf("%d%c%f",&a,&b,&c);
/*输入:1234a123o.26 并按 Enter 键后,a=1234.0,b='a',c=123.0(而不是希望的 1230.26)*/
```

(6) 在 Visual C++环境下,若要输入 double 型数据,则格式控制符必须用%lf(或%le),否则数据不能正确输入。

(7) 在 scanf 函数的格式字符前可以加入一个正整数指定输入数据所占的宽度,但不可以对实数指定小数位的宽度,如“scanf("%5.2f",&a);”是非法的。

(8) 使用“*”跳过某个输入数据。可以在%和格式字符之间加入“*”,跳过对应的输入数据。例如:

```
int a1,a2,a3;
scanf("%d%*d%d%d",&a1,&a2,&a3);
printf("%d,%d,%d\n",a1,a2,a3);
/*若输入:10203040,则输出为:10,30,40 */
```

3.5 技能训练

本模块介绍了结构化程序设计的 3 种基本结构及 C 语言实现输入/输出操作的函数。C 语言输入/输出格式的规定比较烦琐,若使用不正确则无法得到预期的结果,而输入/输出又是最基本的操作,掌握不牢固易浪费大量的调试程序时间。输入/输出格式不需要死记硬背,重点掌握常用的使用规则,其他部分可在需要时随时查阅。

【例 3-3】 鸡兔同笼问题,笼子里共有 18 个头,46 只脚,编写程序计算求鸡和兔子各有多少只?

提示:假设笼子里有鸡 x 只,兔子 y 只,笼子里共有 a 个头,b 只脚,可以得到如下的方程组。

```
x+y=a
2x+4y=b
```

通过变换可以得到:

```
x=2a-b/2
y=b/2-a
```

程序代码如下。

```
#include<stdio. h>
main( )
{
  int a,b,x,y;//定义变量
  a=35;b=94;  //变量赋初值
  x=2 * a-b/2;  //求鸡的只数
  y=b/2-a;  //求兔子的只数
  printf("笼子里有鸡%d 只,,有兔子%d 只\n",x,y);
}
```

程序运行结果如图 3-10 所示。

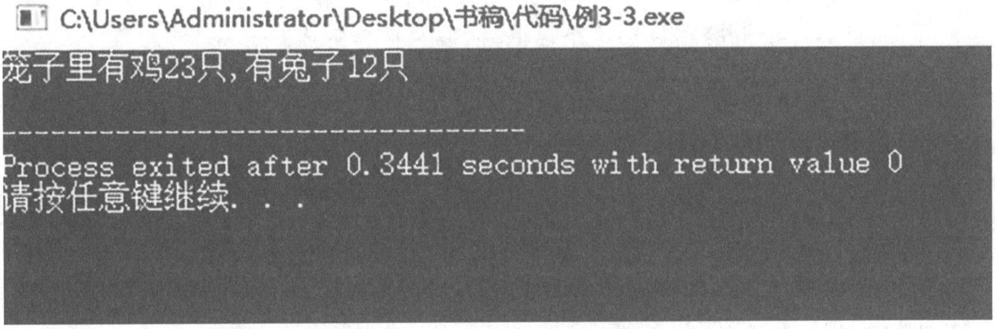

图 3-10 【例 3-3】程序运行结果

【例 3-4】 计算两个双精度浮点数 a 和 b 的相除的余数。

提示:a 和 b 都是正数,b 不能为 0。余数(r)也应该是双精度浮点型,r 的定义是:a = k * b + r,其中 k=(int)(a/b), 0 <= r < b。

程序代码如下。

```
#include<stdio. h>
main( )
{
  double a,b,r;
  scanf("%lf",&a);
  scanf("%lf",&b);
  r=a-b * (int)(a/b);
  printf("r=%f\n",r);
}
```

程序运行结果如图 3-11 所示。

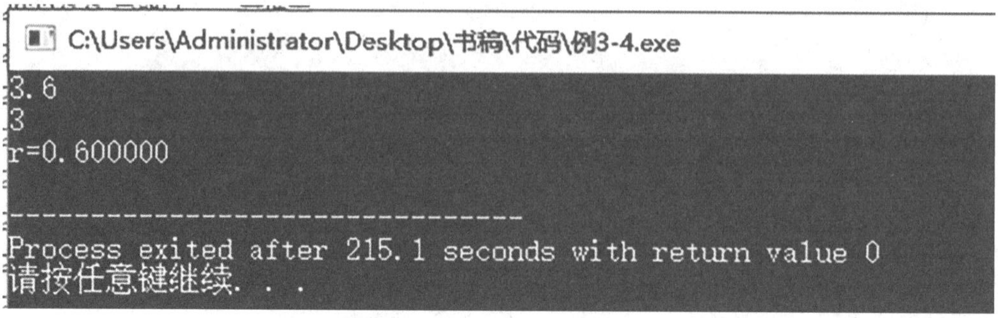

图 3-11 【例 3-4】程序运行结果

【例 3-5】 歌手大奖赛上 6 名评委给一位选手打分,6 个人打分的平均分为 9.6 分;如果去掉一个最高分,这名参赛者的平均分为 9.4 分;如果去掉一个最低分,这名选手的平均分为 9.8 分;如果去掉一个最高分和一个最低分,这名选手的平均是多少?

程序代码如下。

```
#include<stdio.h>
main()
{
    float total,avg;//定义总分和平均分
    float high,low;//定义最高分和最低分
    float n_high,n_low;//定义去掉最高分及最低分后的总得分; total=9.6*6;//当6个评委共同打
分时,选手的总得分
    n_high=9.4*5;//去掉一个最高分后,选手的总得分
    n_low=9.8*5;//去掉一个最低分后,选手的总得分
    high=total-n_high;//最高分等于总分减去 n_high
    low=total-n_low;//最高分等于总分减去 n_low
    avg=(total-high-low)/4;//去掉一个最高分,去掉一个最低分后的总得分除以 4
    printf("去掉一个最高分和一个最低分,这名选手的平均分是:%.2f\n",avg);
}
```

程序运行结果如图 3-12 所示。

图 3-12 【例 3-5】程序运行结果

等级考试重难点与真题解析

本模块主要考查输入/输出和顺序结构设计方法。顺序结构程序设计属于最基本的程序设计方法之一，掌握这部分内容对后续学习及程序阅读作用极大。通过对历年考试内容的分析，这部分内容属于基础考点。主要考查格式输入函数 scanf 和格式输出函数 printf，这两个知识点一般不单独考核，常与其他知识点综合起来进行考查。

一、 重难点解析

1. 输出函数 printf

printf 函数是 C 语言提供的标准输出函数，调用输出函数构成输出语句，格式如下。

```
printf("格式控制字符串",输出表列);
```

使用输出函数时要注意以下几点。

（1）若一个整数很大，要用“%ld”格式控制符控制输出，若用“%d”，一旦该数据超出范围，就不能被正确输出。

（2）在用一个 printf 函数输出多个数据时，若“格式控制字符串”中除含有%开头的控制符外，还含有其他字符，则输出时，这些字符原样输出；若不含其他字符，则各输出数据会连续排列，需要注意题目给出的输出格式。

（3）所有函数的参数处理顺序都是从右至左的，输出时仍按各参数原有次序显示在屏幕上。

2. 输入函数 scanf

scanf 函数是 C 语言提供的标准输入函数，调用输入函数构成输入语句，格式如下。

```
scanf("格式控制字符串",地址表列);
```

使用输入函数时，要注意以下几点。

（1）scanf 中要求给出变量地址，若仅仅给出变量名会出错，但不报错，只给出警告。

（2）在用一个 scanf 输入多个数据时，若“格式控制字符串”中除含有%开头的控制符外，还含有其他字符，输入时，这些字符必须原样输入，所以在 scanf 的“格式控制字符串”中一般不含控制符以外的其他字符。若要提示，建议在 scanf 之前调用 printf 函数实现字符串提示。

（3）输入字符数据时，注意空格等也是一个字符。

（4）scanf 函数中没有精度控制，如“scanf("%5.2f",&a);”是非法的。

二、真题解析

1. 以下程序的输出结果是(　　)。[2017 年 4 月]

```
#include <stdio.h>
main()
{
  int i=010,j=10;
  printf("%d,%d\n",++i,j--);
}
```

A. 11,10　　B. 9,10　　C. 010,9　　D. 10,9

解析 i 赋值八进制数 010,十进制数 8,++i 的值为 9,j--的值为 10,答案为 B。

2. 以下程序的输出结果是(　　)。[2017 年 4 月]

```
#include <stdio.h>
#include <math.h>
main()
{
  int a=1,b=4,c=2;
  float x=10.5,y=4.0,z;
  z=(a+b)/c+sqrt((double)y)*1.2/c+x;
  printf("%f\n",z);
}
```

A. 14.000000　　B. 015.400000　　C. 13.700000　　D. 14.900000

解析 表达式 z,先计算(a+b)/c,结果为 2;sqrt((double)y)是求 y 的平方根,结果为 2;再计算 2*1.2/c,结果为 1.2;最终 z 的值就是 2+1.2+10.5=13.7,所以答案为 C。

3. 以下程序的输出结果是(　　)。[2017 年 4 月]

```
#include <stdio.h>
main()
{
  int a=2,c=5;
  printf("a=%%d,b=%%d\n",a,c);
}
```

A. a=%2,b=%5　　B. a=2,b=5

C. a=%%d,b=%%d　　D. a=%d,b=%d

解析 因为两个“%%”输出一个“%”，后面的 d 就原样输出了，答案为 D。

4. 已知字母 A 的 ASCII 码为十进制的 65，以下程序的输出结果是（　　）。［2016 年 9 月］

```
main()
{
  char ch1,ch2;
  ch1='A'+'5'-'3';
  ch2='A'+'6'-'3';
  printf("%d,%c\n",ch1,ch2);
}
```

A. 67,D　　B. B,C　　C. C,D　　D. 不确定的值

解析 '5'-'3' 的值为 2，'6'-'3' 的值为 3，所以 ch1 的值为 'c'，ch2 的值为 'd'。ch1 以整数输出，ch2 以字符输出，所以答案为 A。

5. 执行以下程序中的输出语句，a 的值是（　　）。［2016 年 9 月］

```
main()
{
  int a;
  printf("%d\n",(a=3*5,a*4,a+5));
}
```

A. 65　　B. 20　　C. 15　　D. 10

解析 “(a=3*5,a*4,a+5)”是一个逗号表达式，结果是最后表达式“a+5”的值。第一个表达式“a=3*5”的值和 a 的值都为 15，第二个表达式的值为 60，表达式“a+5”的值为 20，所以答案为 B。

6. 若运行时从键盘上输入 9876543210<CR>（<CR>表示回车），则以下程序的输出结果是（　　）。［2016 年 9 月］

```
#include <stdio.h>
main()
{
  int a; float b,c;
  scanf("%2d%3f%4f",&a,&b,&c);
  printf("\na=%d,b=%f,c=%f\n",a,b,c);
}
```

A. a=98,b=765,c=4321　　B. a=10,b=432,c=8765

C. a=98,b=765.000000,c=4321.000000　　D. a=98,b=765.0,c=4321.0

解析 scanf中的格式说明符为"%2d%3f%4f",所以a接收2个数据98,b接收3个数据765,c接收4个数据4321,执行printf输出的结果为C。

7. 以下程序的输出结果是(　　)。[2016年9月]

```
main()
{
  int x=10,y=3;
  printf("%d\n",y=x/y);
}
```

A. 0　　B. 1　　C. 3　　D. 不确定的值

解析 输出"y=x/y"的值,在C语言中两个整数相除结果取整数部分,所以答案为C。

8. 以下程序的输出结果是(　　)。[2015年9月]

```
main()
{
  int k=11;
  printf("k=%d,k=%o,k=%x\n",k,k,k);
}
```

A. k=11,k=12,k=11　　B. k=11,k=13,k=13

C. k=11,k=013,k=0xb　　D. k=11,k=13,k=b

解析 十进制数11的八进制数为13,十六进制数为b,又k的值分别以十进制、八进制和十六进制输出,所以答案为D。

9. 以下说法中正确的是(　　)。[2013年9月]

A. #define和printf都是C语句　　B. #define是C语句,而printf不是

C. printf是C语句,但#define不是　　D. #define和printf都不是C语句

解析 C语言用"#define"进行宏定义,宏定义是用标识符来代表一个字符串,C编译系统在编译前将这些标识符替换成所定义的字符串。printf是C语言定义的格式输出函数,所以答案为D。

10. 以下关于结构化程序设计的叙述中,正确的是(　　)。[2010年9月]

A. 一个结构化程序必须同时由顺序、分支、循环三种结构组成

B. 结构化程序使用goto语句会很便捷

C. 在C语言中,程序的模块化是利用函数实现的

D. 由三种基本结构构成的程序只能解决小规模的问题

解析 C语言中有顺序、选择、循环三种基本结构,这三种基本结构组成的算法可以解决

任何复杂的问题,但并不是所有的程序都要用到这三种结构。goto 语句称为无条件转向语句,滥用 goto 语句会使程序流程毫无规律,可读性变差,应尽量避免使用。在 C 语言中,程序的模块化是利用函数实现的,所以答案为 C。

思考与练习

一、选择题

1. 结构化程序设计方法中有三种基本结构组成,下面哪一个不属于这三种(　　)。

A. 顺序结构　　B. 选择结构　　C. 循环结构　　D. 嵌套结构

2. int d=10;d *=1+2,则变量 d 的值是(　　)。

A. 11　　B. 12　　C. 21　　D. 30

3. int a=2,i=5;a *=(i++)+(++i);则 a 的值为(　　)。

A. 20　　B. 22　　C. 23　　D. 24

4. 现在字符型变量 ch,以下不正确的赋值语句是(　　)。

A. ch='a+b';　　B. ch='\0';

C. ch = ch +('a'-'A');　　D. ch=5+9;

5. 在 C 语言中,使用(　　)来引入对应的头文件。

A. using　　B. include

C. including　　D. usescpace

6. 假设变量 a 是 int 型变量,b 是 float 型变量,则用下面这条语句给这两个变量输入值:scanf("a=%d,b=%f",&a,&b);为了把 10 和 12.55 分别赋值给 a 和 b,则下面正确的输入为(　　)。

A. 10□12.5<回车>　　B. a=10,b=12.5<回车>

C. 10<回车>12.5<回车>　　D. 1012.55<回车>

7. 以下针对 scanf 函数的叙述中,正确的是(　　)。

A. 输入项可以为实数型常量,如 scanf("%f",3.5)

B. 只有格式控制,没有输入项,也能进行正确的输入,如 scanf("a=%d")

C. 当输入一个实数型数据时,格式控制部分应规定小数点后的位数,如 scanf("%4.2f",&f)

D. 当输入数据时,要求指明变量的地址,如 scanf("%d",&a)

8. 假设 x、y 和 z 都是 int 型变量,则执行语句 x=(y=(z=10)+5)-5;后,x、y、z 的值是(　　)。

A. x=10　y=15　z=10　　B. x=10　y=10　z=10

C. x=10　y=10　z=15　　D. x=10　y=15　z=10

9. 若已有定义语句:int x,y,z; 且变量已正确地赋初值,则以下正确的赋值表达式是(　　)。

A. x=(y=z)+1.9　　B. (x=y)=c=1

C. x=(y==z)='A'　　D. a+b=c+1

10. 若有定义:int x=1234,y=123,z=12;则语句 printf("%4d+%3d+%2d",x,y,z);运行后的输出结果为(　　)。

A. 123412312　　B. 12341234123412341231231231212

C. 1234+1234+1234　　D. 1234+123+12

二、编程题

1. 输入两个数，将它们对调后输出。

2. 输入一个四位数的整数，逆序输出其个、十、百、千位（顺序结构，算术运算）。

3. 计算存款利息，输入三个正实数分别赋值给变量 money、year 和 rate，其中，money 是存款金额，year 是存期，rate 是年利率，利用以下公式计算存款到期时的利息（interest）并输出。

```
interest=money×(1+rate) year-money
```

模块 4 选择结构程序设计

案例引入——销售数据中业绩的评定判断奖金

任务描述

假设销售业绩评定表如表 4-1 所示。

表 4-1　　销售业绩评定表

sn	name	level	reward
1	张一	6 000	A
2	张二	2 000	C
3	张三	4 500	B
4	张四	4 800	B
5	张五	3 000	C
6	张六	4 700	B
7	张七	4 900	B
8	张八	5 800	A
9	张九	4 600	B
10	张十	3 200	C

(1) 试编写程序,根据销售业绩评定(level)给出相应的奖金(reward)。

(2) 试编写程序,找出奖金(reward)的最高额和最低额。

说明:A 奖金 800,B 奖金 600,C 奖金 400。

任务目标

（1）能够用逻辑表达式描述客观条件。
（2）能够应用选择分支结构设计算法。
（3）培养学生软件开发必备的逻辑思维能力。

源代码展示

（1）根据销售业绩评定(level)给出相应的奖金(reward)。

```
#include<stdio.h>
main()
{
  char level;
  int reward;
  printf("请输入销售业绩评定:");
  scanf("%c",&level);
  if(level=='A')
{
  reward=800;
}
  else if(level=='B')
{
  reward=600;
}
  else
{
  reward=400;
}
  printf("level= %c,reward=%d\n",level,reward);
}
```

（2）找出奖金的最高额和最低额(假设 3 个员工的奖金额,10 个员工奖金额的编程思路以此类推)。

```
#include<stdio.h>
main()
{
  float r1,r2,r3,min,max;
  printf("请输入三个员工的奖金:");
  scanf("%f%f%f",&r1,&r2,&r3);
```

```
    min=max=r1;
    if(r2<min) min=r2;
    else if(r2>max) max=r2;
    if(r3<min) min=r3;
    else if(r3>max) max=r3;
    printf("min=%.lf,max=%.lf\n",min,max);
}
```

运行结果

(1) 根据销售业绩评定(level)给出相应的奖金(reward)。模拟运行结果如图 4-1 所示。

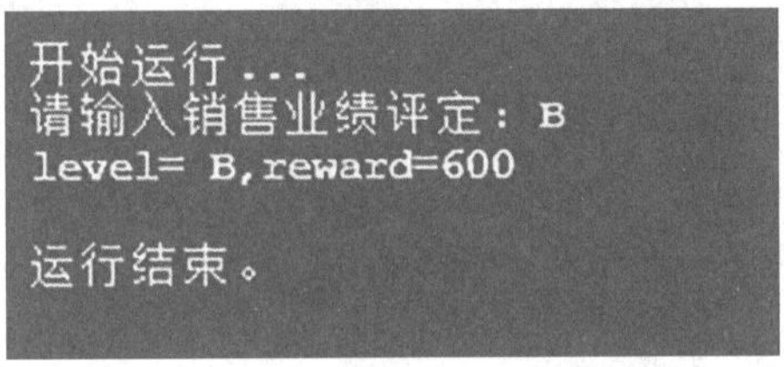

图 4-1　模拟运行结果 1

(2)找出奖金的最高额和最低额。模拟运行结果如图 4-2 所示。

图 4-2　模拟运行结果 2

程序分析

程序(1):业绩等级有 3 种,要判断不同业绩等级可得多少奖金,可采用多分支语句。由于业绩等级有限且确定,所以用 switch 比较方便。

程序(2):从一组数据中找出最大值、最小值,先设置最大值(max)、最小值(min)都为第一个数,这样后面的数据依次与当前的最大值、最小值比较就可以了。最后 max、min 中存储的就是最大值和最小值。

知识讲解

C 语言提供了可以进行逻辑判断的若干选择语句,由这些选择语句构成程序中的选择结构，又称为分支结构。选择结构是结构化程序设计的 3 种基本结构之一，在大多数结构化程序设计问题中都将遇到选择问题，因此熟练运用选择结构进行程序设计是程序员必须具备的能力。本模块将详细介绍如何在 C 程序中实现选择结构。

4.1 关系运算符和关系表达式

关系运算是逻辑运算中比较简单的一种。关系运算就是比较运算，即将两个值进行比较，判断是否符合或满足给定的条件。若符合或满足给定的条件，则称关系运算的结果为“真”；若不符合或不满足给定的条件，则称关系运算的结果为“假”。

4.1.1 关系运算符

C 语言提供了 6 种关系运算符：<（小于）、>（大于）、<=（小于等于）、>=（大于等于）、==（等于）、!=（不等于）。

注意：由两个字符组成的运算符之间不允许有空格，如“<=”不能写成“< =”。

关系运算符的优先次序如下。

（1）<（小于）、>（大于）、<=（小于等于）、>=（大于等于）关系运算符的优先级别相同，==（等于）、!=（不等于）的优先级别也相同。前 4 种高于后两种。

（2）关系运算符的优先级低于算术运算符。

（3）关系运算符的优先级高于赋值运算符。

关系运算符是双目运算符，具有自左至右的结合性。

【例 4-1】 关系运算符优先级的实例。

c>a+b 等价于 c>(a+b)	关系运算符的优先级低于算术运算符。
a>b==c 等价于(a>b)==c	“>”优先级高于“==”。
a==b<c 等价于 a==(b<c)	“<”优先级高于“==”。
a=b>c 等价于 a=(b>c)	关系运算符的优先级高于赋值运算符。

4.1.2 关系表达式

用关系运算符将两个表达式（算术、关系、逻辑、赋值表达式等）连接起来所构成的表达式，称为关系表达式。关系表达式的值是一个逻辑值，即真或假。C 语言没有逻辑型数据，以 1 代表真，以 0 代表假。

【例 4-2】 关系表达式的实例。

假如 a=4，b=5，c=6，则关系表达式 a<b 的值为真，即表达式的值为 1；关系表达式 b+c<a 的值为假，即表达式的值为 0。

而 a<b<c 的计算过程是：先计算 a<b，结果为真，值为 1，再计算 1<c，结果为假，值为 0，所以 a<b<c 表达式值为 0。

描述各种简单条件的应用如下。

身高：stature<=6。

年龄：age>=20。

及格：score>=60。

判断整数 n 为偶数：n%2==0。

4.2 逻辑运算符和逻辑表达式

用逻辑运算符将关系表达式或逻辑量连接起来的式子就是逻辑表达式。下面介绍 C 语言中的逻辑运算符和逻辑表达式。

4.2.1 逻辑运算符

C 语言提供了以下 3 种逻辑运算符。

(1) !：逻辑非，条件为真，运算后为假，条件为假，运算后为真。

(2) &&：逻辑与，相当于日常生活中的“而且”“并且”，只在两条件同时成立时为真。

(3) ||：逻辑或，相当于日常生活中的“或”，两个条件只要有一个成立时即为真。

其中，&& 和||是双目运算符，! 为单目运算符。

4.2.2 逻辑表达式

C 语言提供了以下 3 种逻辑表达式。

(1) ! 表达式。

(2) 表达式 1 && 表达式 2。

(3) 表达式 1 || 表达式 2。

表 4-2 为逻辑运算的真值表，其表示当 a 和 b 的值为不同组合时，各种逻辑运算的结果值。

表 4-2　逻辑运算的真值表

a	b	!a	!b	a&&b	a||b
1	1	0	0	1	1
1	0	0	1	0	1
0	1	1	0	0	1
0	0	1	1	0	0

在一个逻辑表达式中如果包含多个逻辑运算符，则按照以下的优先顺序进行计算。

(1) ！(逻辑非)级别最高，&&(逻辑与)次之，||(逻辑或)最低。

（2）&& 和||的优先级低于关系运算符，！高于算术运算符。

（3）逻辑运算符优先级高于赋值运算符。

【例 4-3】 逻辑运算符优先级的实例。

a>b&&c>d 等价于(a>b)&&(c>d)。

a==b||c==d 等价于(a==b)||(c==d)。

【例 4-4】 非 0 值作为逻辑值参与运算。

非 0 值作为逻辑值参与运算=真。

若 a=6,则！a=0(假)。

若 a=5,b=6,则 a&&b=1(真),a||b=1(真),！a||b=1(真)。

4&&0||2=1(真),'c'&&'d'=1。

从上例还可以看出,系统给出的逻辑运算结果不是 0 就是 1,不可能是其他数值;而在逻辑表达式中作为参与逻辑运算的运算对象可以是 0(作为假),也可以是任何非 0 的数值(按真对待)。事实上,逻辑运算符两侧的对象不但可以是 0 和 1 或者是 0 和非 0 的整数,也可以是任何类型的数据(如字符型、实型、指针型)。

需要注意以下两点。

（1）在 C 程序中,不能出现“连不等式”。在数学知识里,用形如 0<x<100 的不等式表示 x 的取值范围是正确的,但在 C 语言中,若写成 0<x<100 则是错误的,在 C 语言中应表达成 0<x&&x<100。

（2）在逻辑表达式的求解中,并不是所有的逻辑运算符都被执行,只是在必须执行下一个逻辑运算符才能求出表达式的解时,才执行该运算符。

例如,a&&b&&c,只有 a 为真时,才需要判别 b 的值;只有 a、b 都为真时,才需要判别 c 的值。只要 a 为假,此时整个表达式已经确定为假,就不必判别 b 和 c;如果 a 为真,b 为假,就不必判断 c。

a||b||c,只要 a 为真,整个表达式已经确定为真,就不必判断 b 和 c;只有 a 为假时,才需要判断 b;a、b 都为假时,才需要判断 c。

【例 4-5】 如果 a、b、c、d、m、n 分别为 1、2、3、4、1、1,分析整个表达式“(m=a>b)&&(n=c>d)”的结果和 m、n 的结果。

由于 a>b 为假(0),所以赋值后 m=0,赋值表达式 m=a>b 也为 0。此时整个表达式的结果为 0,不进行表达式 n=c>d 的计算,所以 n=1(未改变)。

掌握 C 语言的关系运算符和逻辑运算符后,可以用一个逻辑表达式来表示一个复杂的条件。

例如,判断年龄:age<=6 || age>=60。

例如,要判断某一年 year 是否是闰年。闰年的条件是符合下面二者之一:能被 4 整除,但不能被 100 整除;能被 4 整除,又能被 400 整除。

上面两个条件可以用一个逻辑表达式来表示,即

```
(year%4==0 && year%100!=0) || year%400==0
```

4.3 if 语句

if 语句用来判定所给定的条件是否满足,根据判定的结果(真或假)决定执行给出的两种操作之一。

4.3.1 简单 if 语句

简单 if 语句的语法如下。

```
if(表达式) 语句
```

功能是判断表达式是否成立,若成立,则执行语句,不成立执行下一条语句,如图 4-3 所示。

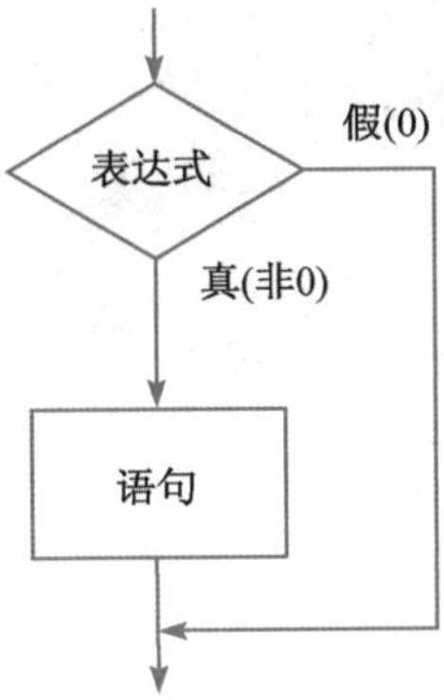

图 4-3　if 语句流程

【例 4-6】　从键盘输入 2 个数,存入 a 和 b,判断 a 和 b 的大小关系并输出。

程序代码如下。

```
#include<stdio.h>
main()
{
  int x,y;
  printf("请输入两个数字:");
  scanf("%d%d",&x,&y);
  printf("你输入的是 x=%d,y=%d\n",x,y);
  if(x<y)
  {
  printf("x 小于 y");
```

```
    }
else if(x>y)
{
  printf("x 大于 y");

}
else
{
  printf("x 等于 y");
}
}
```

程序运行结果如图 4-4 所示。

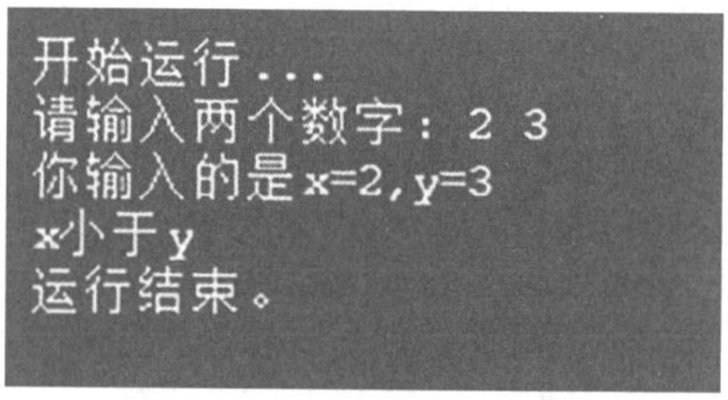

图 4-4 【例 4-6】程序运行结果

4.3.2 if...else 语句

if...else 语句的语法格式如下。

```
if(表达式)
{
  语句块 A
}
else
{
  语句块 B
}
```

判断表达式是否成立,若成立则执行语句块 A,不成立则执行语句块 B,如图 4-5 所示。

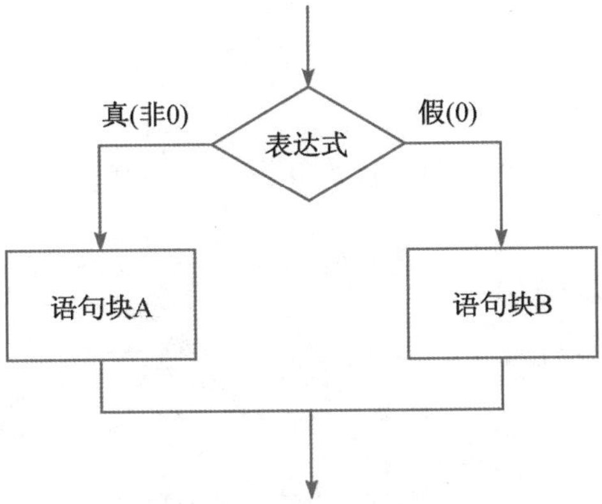

图 4-5 if ... else 语句流程

【例 4-7】 统计年龄大于等于 20 和小于 20 的人数。

程序代码如下。

```
#include<stdio.h>
main()
{
  if(age>=20)
{
  printf("年龄大于等于 20");
  a=a+1;
}
  else
{
  printf("年龄小于 20");
  b=b+1;
}
}
```

上面的程序代码等价于下面的代码。

```
if(age>=20) {printf("年龄大于等于 20");a=a+1;}
if(age<20) {printf("年龄小于 20");b=b+1;}
```

程序运行结果如图 4-6 所示。

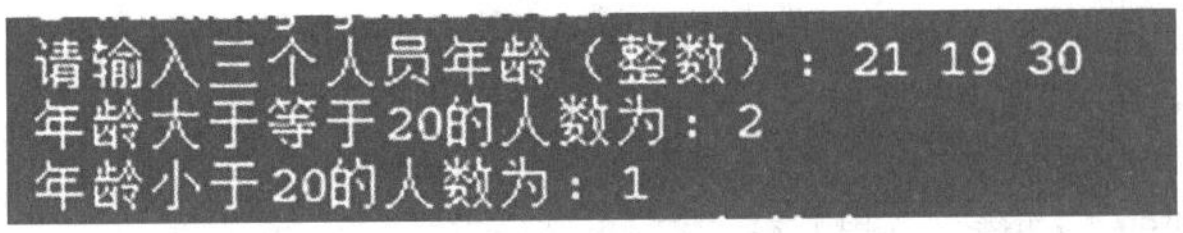

图 4-6 【例 4-7】程序运行结果

4.3.3 嵌套 if 语句

一个 if 语句又包含一个或多个 if 语句称为 if 语句的嵌套。嵌套 if 语句的语法格式如下。

```
if(表达式)
  if(表达式)语句 1;
  else 语句 2;
else
  if(表达式)语句 3;
  else 语句 4;
```

这种在 if 语句中又包含 if 的选择结构,常用于解决比较复杂的选择问题,其中每一条语句都必须经过多个条件共同决定才能执行。

嵌套 if 语句的几点说明如下。

(1) 嵌套 if 语句使用非常灵活,任何 if 语句都可以嵌套。

(2) 被嵌套的 if 语句本身又可以是一个嵌套的 if 语句。

(3) 在多种嵌套的 if 语句中,else 总是与离它最近并且没有配对的 if 配对。

可以用下面两种方法解决匹配问题。

(1) 利用空语句,使 if 子句数量与 else 子句数量相同。

```
if()
    if()语句 1;
    else;
else
    if() 语句 2;
    else 语句 3;
```

(2) 利用{}确定配对关系,将没有 else 子句的 if 语句用{}括起来。

```
if()
    { if()语句 1;}
else
    if()语句 2;
    else 语句 3;
```

【例 4-8】 编写程序,输入正考标识(zkb)、正考成绩(zkf)、补考标识(bkb)、补考成绩(bkf),判断学生是否参加重修。

如果满足以下条件,则需参加重修:

（1）正考缺考；

（2）补考缺考或者补考不及格。

程序代码如下。

```
#include<stdio. h>
main( )
{
  int zkb,zkf;
  printf("请输入正考标志(0 代表缺考,1 代表正常考试):");
  scanf("%d",&zkb);
  if(zkb!=0)
  {
    printf("请输入正考成绩(0~100):");
  scanf("%d",&zkf);
  if(zkf<60)
  {
    int bkb,bkf;
  printf("请输入补考标志(0 代表缺考,1 代表正常考试):");
 scanf("%d",&bkb);
  printf("请输入补考成绩(0~100):");
  scanf("%d",&bkf);
 if(bkb==0||bkf<60)
  {
 printf("请参加重修");
  }
  else
  {
  printf("成绩合格");
  }
  }
 else
  {
  printf("成绩合格");
  }
 }
 else{
  printf("请参加重修");

  }
 }
```

程序运行结果如图 4-7 所示。

```
开始运行...
请输入正考标志（0代表缺考，1代表正常考试）:1
请输入正考成绩（0~100）:50
请输入补考标志（0代表缺考，1代表正常考试）:1
请输入补考成绩（0~100）:20
请参加重修
运行结束。
```

图 4-7 【例 4-8】程序运行结果

4.3.4 多分支 if...else...if 语句

多分支 if...else...if 语句实际上也是一种特殊的嵌套 if 语句，不断在 else 子句中嵌套 if 语句可形成多层嵌套。用以下形式表示多分支 if...else...if 语句，使得读起来既层次分明，又不占太多的篇幅。

```
if(表达式 1)语句 1;
else if(表达式 2)语句 2;
else if(表达式 3)语句 3;
……
else if(表达式 m)语句 m;
else 语句 n;
```

以上嵌套的 if 语句可以理解为：从上向下逐一对 if 后的表达式进行检测。当某一个表达式的值为非 0 时，就执行与此有关子句中的语句，其余部分不执行。若所有表达式的值都为 0，则执行最后的 else 子句。

【例 4-9】 编写程序，根据输的学生成绩给出相应的等级，大于或等于 90 分以上的等级为 A，60 分以下的等级为 E，其余每 10 分为一个等级。

程序代码如下。

```
#include<stdio.h>
main()
{
  int score;
  printf("请输入学生成绩:");
  scanf("%d",&score);
  if(score<60)
  printf("%d----------E\n",score);
  else if(score<70)
```

```
printf("%d----------D\n",score);
else if(score<80)
printf("%d----------C\n",score);
else if(score<90)
printf("%d----------B\n",score);
else
printf("%d----------A\n",score);
}
```

程序运行结果如图 4-8 所示。

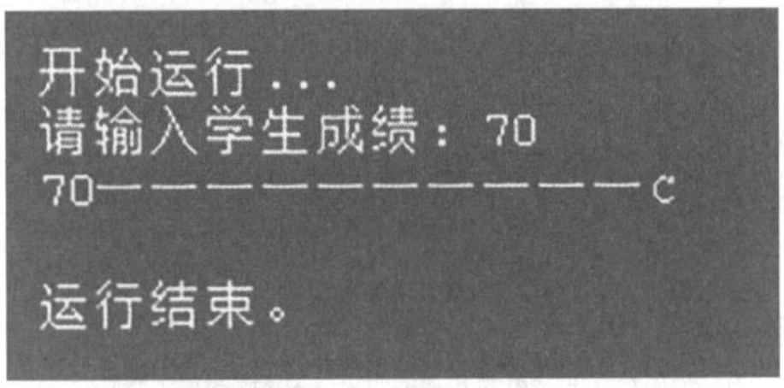

图 4-8 【例 4-9】程序运行结果

4.4 条件运算符和条件表达式

条件运算符(?)是 C 语言中唯一一个三目运算符。由条件运算符组成条件表达式的一般形式如下。

```
表达式 1? 表达式 2:表达式 3
```

其功能是计算表达式 1,若非零则取表达式 2 的值,若为零则取表达式 3 的值。

条件运算符具有左结合性,优先级低于或运算符(||),高于赋值运算符(=)。

例如:

```
max=(a>b)? a:b;
```

等价于:

```
if(a>b) max=a;
else   max=b;
```

【例 4-10】 输入一个 1~7 的数字,如果大于等于 6 则输出“A”,否则输出“B”。

程序代码如下。

```
#include<stdio.h>
main()
{
  int x;
  char y;
  printf("请一个 1~7 的数字:");
  scanf("%d",&x);
  y=(x>=6)? 'A':'B';
  printf("%c",y);
}
```

程序运行结果如图 4-9 所示。

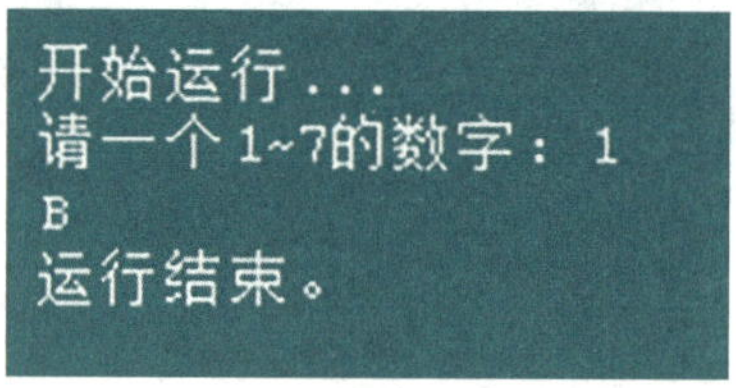

图 4-9 【例 4-10】程序运行结果

4.5 switch 语句

多分支可以使用嵌套的 if 语句处理,但如果分支较多,嵌套的 if 语句层数多,会使程序冗长,降低可读性。switch 语句又称为开关语句,专门用来处理多分支选择问题,比复合 if 语句及嵌套 if 语句更方便灵活,程序可读性也更高。

switch 语句的语法格式如下。

```
switch(表达式)
{
  case 常量 1:语句 1;break;
  case 常量 2:语句 2;break;
  ...
  case 常量 n:语句 n;break;
  default: 语句 n+1;
}
```

其含义为:先计算表达式的值,判断此值是否与某个常量的值匹配,若匹配则控制流程转向其后的语句,否则,检查 default 是否存在,若存在则执行其后相应的语句,否则结束

switch 语句。switch 语句流程如图 4-10 所示。

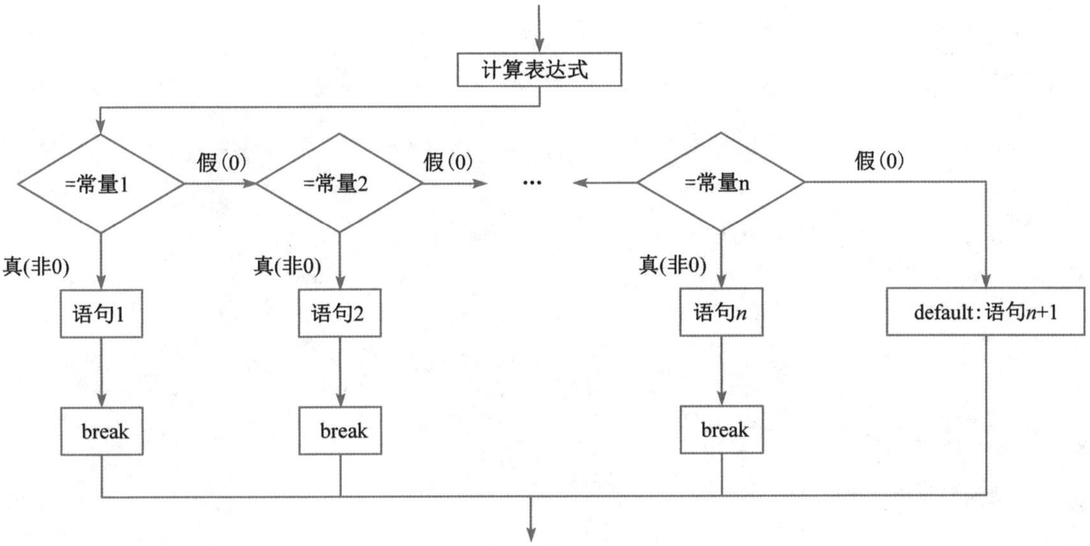

图 4-10　switch 语句流程

switch 语句的说明如下。

(1) switch 括号后面的表达式,允许为任何类型。一般为整型或字符型等有序类型。

(2) 当"表达式"的值与某个 case 后面的常量表达式的值相等时,就执行此 case 后面的语句。如果表达式的值与所有常量表达式都不匹配,就执行 default 后面的语句(如果没有 default 就跳出 switch,执行 switch 语句后面的语句)。

(3)各个常量表达式的值必须互不相同,否则出现矛盾。

(4) 各个 case、default 出现的顺序不影响执行结果。

(5) 执行完一个 case 后面的语句后,若子句最后没有 break,则流程控制转移到下一个 case 中的语句继续执行。此时,"case 常量表达式"只是起到语句标号的作用,并不在此处进行条件判断。在执行一个分支后,可以使用 break 语句使流程跳出 switch 结构,即终止 switch 语句的执行(最后一个分支可以不用 break 语句)。

注意: switch 语句中本来不包含 break 语句,但 switch 语句不像 if 语句一样只要满足某一条件就可在执行相应的分支后自动结束选择。在 switch 语句中,当表达式的值与某个常量表达式的值相等时,就执行后面对应的语句,然后不进行判断,继续执行后面所有的 case 分支语句,因此需要在相应的 case 分支的最后加上 break 以帮助结束选择。

(6) case 后面如果有多条语句,不必用{}括起来。

(7) 多个 case 可以共用一组执行语句(注意 break 使用的位置)。

(8) 在关键字 case 和常量表达式之间一定要有空格。

【例 4-11】 使用 switch 语句完成成绩等级的划分。D 不及格(<60)、C 及格(60~79)、B 良好(80~89)、A 优秀(90~100)。

程序代码如下。

```
#include<stdio.h>
main()
{
  float score;
  char ch;
  printf("请输入成绩(0~100):");
  scanf("%f",&score);
  switch((int)(score/10.0))
  {
  case10:
  case9:ch='A';break;
  case8:ch='B';break;
  case7:
  case6:ch='C';break;
  default:ch='D';
  }
  printf("score=%.1f,grade=%c\n",score,ch);
}
```

程序运行结果如图 4-11 所示。

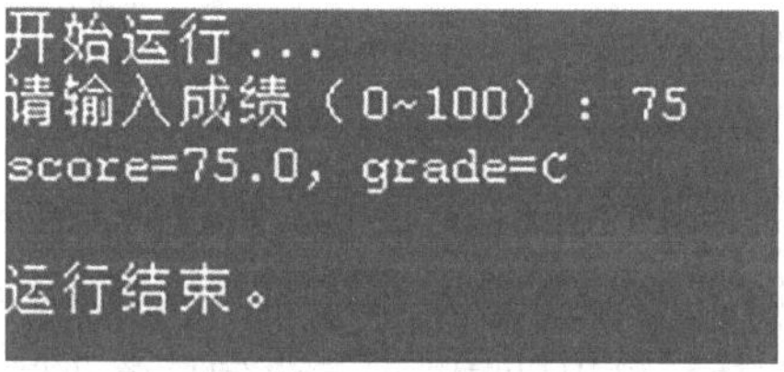

图 4-11 【例 4-11】程序运行结果

4.6 技能训练

选择结构程序设计是非常重要的程序设计方法。选择结构是大部分程序都涉及的基本结构,在实际应用中被广泛应用。通过本模块的学习,可以了解选择结构程序设计的特点和一般规律。而想灵活使用 if 语句和 switch 语句设计程序,就需要多做练习,从每个例题中挑出重点语句并熟记,学会正确表达数学问题和实际问题的条件,以便分支处理。

【例 4-12】 编写程序,根据存入的现金和年限计算利息。

(1) 当存款年限为 1 年时,月息 r 为 5%。

（2）当存款年限为 2 年时，月息 r 为 6%。
（3）当存款年限为 3 年以上时，月息 r 为 6.5%。
（4）当存款年限为 5 年以上时，月息 r 为 8%。
（5）当存款年限为 8 年以上时，月息 r 为 10%。
从键盘输入本金与年限，计算最终资金数。
假定输入的年份为整数，程序代码如下。

```
#include<stdio.h>
main()
{
   int year;
   float money,r,t;
   printf("请输入客户存款金额和存款年限:");
   scanf("%f%d",&money,&year);
   switch(year)
{
   case1:r=0.005;break;
   case2:r=0.006;break;
   case3:
   case4:r=0.0065;break;
   case5:
   case6:
   case7:r=0.008;break;
   default:r=0.01;
   }
   t=money+money * r * 12 * year;
   printf("本息为:%.2f\n",t);
}
```

程序运行结果如图 4-12 所示。

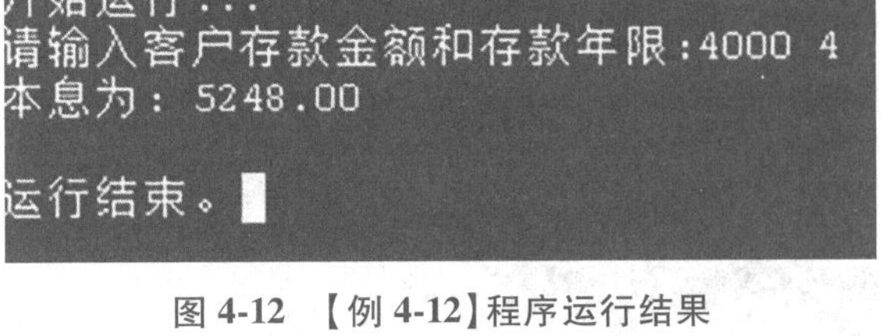

图 4-12 【例 4-12】程序运行结果

【例 4-13】 编程实现，根据某人的身高体重判断其是否为肥胖类型。

已知身体指数与肥胖程度的关系为：

$$t=w/h^2$$（w 单位为 kg，h 单位为 m）

其中，t 表示身体指数，w 表示体重，h 表示身高。判定标准如下：

① 当 $t<18$ 时，为低体重；

② 当 $18\leqslant t<25$ 时，为正常体重；

③ 当 $25\leqslant t<27$ 时，为超重；

③ 当 $t\geqslant 27$ 时，为肥胖。

程序代码如下。

```
#include<stdio.h>
main()
{
    float t,w,h;
    printf("请输入身高和体重:\n");
    scanf("%f%f",&h,&w);
    t=w/(h*h);
    if(t<18)
    printf("体重偏低\n");
    else if(t<25)
    printf("体重正常\n");
    else if(t<27)
    printf("体重超重\n");
    else
    printf("肥胖\n");
}
```

程序运行结果如图 4-13 所示。

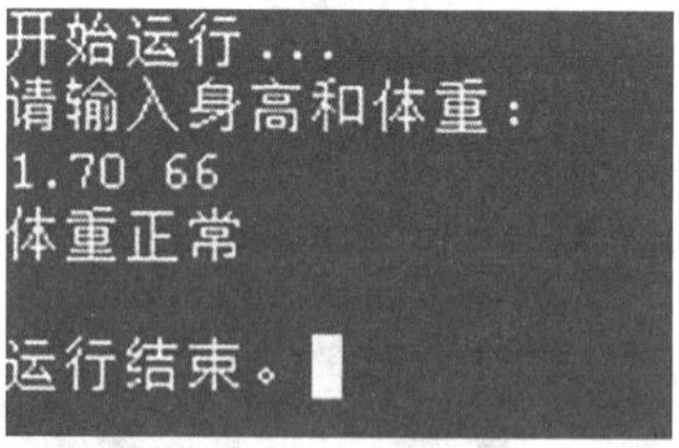

图 4-13 【例 4-13】程序运行结果

等级考试重难点与真题解析

本模块主要考查选择结构设计方法，其中包括关系运算符、逻辑运算符、条件运算符以及最常见的 if 条件判断语句。通过对历年考试内容的分析，考查内容逐年增多。需要重点掌握分支结构的判断条件和执行顺序，选择结构的判断条件一般由关系运算和逻辑运算构成，因此这两个知识点是本模块学习的重点，也是历年考试的重点，一般结合其他知识点综合考核。

一、重难点解析

1. 关系运算和逻辑运算

选择结构是按照条件的真假选择执行某段代码。条件中的真（T）和假（F）就是 C 语言中的两种逻辑值，真用非 0 代表，假用 0 代表。关系运算和逻辑运算的结果只有真（非 0）或者假（0）。

（1）所有运算符的优先级关系是！（逻辑非）>算术运算符>关系运算符>&&（逻辑与）>||（逻辑或）>赋值运算符，对于有疑问的，可一律用括号来明确。

（2）在 C 程序中，不能出现“连续不等式”。例如，形如 0<a<10 的不等式一般表示成 a>0&&a<10。

（3）在逻辑表达式的求解中，并不是所有的运算符都被执行，只有在必须执行下一个逻辑运算才能求出表达式解时，才执行下一个运算符。

例如，当 a=5，b=2 时，对于表达式 a++||b++，因为 a++已经为真，所以这时整个表达式的值已经可以确定为真，不用去计算 b++的值，这个时候 b 的值没有变化。

（4）关于实数相等的比较。在计算机中，通常存放在内存中的实数是有误差的，因此不能精确相等，将导致 x==y 的值总是假。可以通过 abs（x-y）<0.00001 这种方式来比较，精度（0.00001）可以由程序员根据要求控制。

2. switch 语句

switch 语句是一种多分支选择语句，其常用形式是：

```
switch(表达式)
{
   case 常量表达式 1:语句 1; break;
   case 常量表达式 2:语句 2; break;
   ……
   case 常量表达式 n:语句 n; break;
   default:语句 n+1;
}
```

注意：

（1）各常量表达式的值不能相同，否则会出现错误。

（2）若某子句后没有 break 语句，就顺次执行下一子句，而不必进行比较判断了，直到遇到 break 语句或最后一个}时结束 switch 语句。

3. 选择结构的嵌套

if 语句和 switch 语句都可以嵌套使用。在嵌套 if 语句时，要特别注意 else 与哪一个 if

配对。配对原则是:else 总是和最近一个“有资格配对”的 if 配对。在一个 switch 语句中的 case 后面又嵌套了一个 switch 语句,在执行内嵌的 switch 语句后还要执行一条 break 语句才能跳出外层的 switch 语句。

程序段 1:

```
int x=-9,y=-1;
if(x>=0)
if(x==0)y=0;
else y=1;
printf("%d\n",y);
```

程序段 2:

```
int x=-9,y=-1;
if(x>=0) {if(x==0)y=0;}
else y=1;
printf("%d\n",y);
```

程序段 1 中的 else 与第二个 if 配对,输出的 y 值为-1;程序段 2 中的 else 与第一个 if 配对,输出的 y 值为 1。

由此可见,当用复合语句的方式将不需要配对的 if 语句用{}括起来时,该 if 语句就被取消了配对资格。

程序段 3:

```
int x=1,y=0,a=0,b=0;
switch(x)
{
  case 1:switch(y)
  {
  case 0:a++;break;
  case 1:b++;break;
  }
  case 2:a++;b++;break;
  case 3:a++;b++;
}
printf("a=%d,b=%d\n",a,b);
```

注意程序中第一个 case 后没有 break 语句,程序执行时,x=1,执行内嵌的 switch,又因为 y=0,计算 a++,并终止内嵌的 switch,回到外层,继续执行“case 2”后面的语句“a++;

b++”。所以输出结果为“a=2,b=1”。

二、 真题解析

1. 以下程序的输出结果是(　　)。[2017 年 4 月]

```
#include <stdio.h>
main()
{
  int a,b,d=241;
  a=d/100%9;
  b=(-1)&&(-1);
  printf("%d,%d\n",a,b);
}
```

A. 6,1　　B. 2,1　　C. 6,0　　D. 2,0

解析 表达式“d/100%9”的值为 2,因为两个整数相除取整数部分,运算符“%”是取两个整数的余数;(-1)&&(-1)得值为 1,因为非 0 值就是真,即为 1。所以答案为 B。

2. 以下程序的输出结果是(　　)。[2017 年 4 月]

```
main()
{
  int a=-1,b=4,k;
  k=(a++<=0)&&(!(b--<=0));
  printf("%d %d %d\n",k,a,b);
}
```

A. 0 0 3　　B. 0 1 2　　C. 1 0 3　　D. 1 1 2

解析 因为-1 小于零,所以表达式“(a++<=0)”的值为 1,a 的值为 0;4 不小于零,所以表达式“(!(b--<=0))”的值为 1,b 的值为 3;二者进行逻辑与运算,k 的值为 1。答案为 C。

3. 若执行以下程序时从键盘上输入 3 和 4,则输出结果是(　　)。[2016 年 9 月]

```
main()
{
  int a,b,s;
  scanf("%d %d",&a,&b);
  s=a;
  if(a<b)s=b;
  s=s*s;
  printf("%d\n",s);
}
```

A. 14　　B. 16　　C. 18　　D. 20

解析 执行语句"if(a<b)s=b;",因为 3 小于 4,s 值又赋值为 4,执行 s*s,结果为 16,所以答案为 B。

4. 以下程序(　　)。[2016 年 9 月]

```
main()
{
  int x=3,y=0,z=0;
  if(x=y+z) printf("* * * *");
  else  printf("####");
}
```

A. 有语法错误不能通过编译

B. 输出* * * *

C. 可以通过编译,但是不能通过连接,因而不能运行

D. 输出####

解析 if 语句的条件表达式为"x=y+z",它是一个赋值表达式,将"y+z"的计算结果赋值给 x,这样条件为假,所以执行 else 后面的输出函数,答案为 D。

5. 若执行以下程序时从键盘上输入 5,则输出结果是(　　)。[2016 年 9 月]

```
main()
{
  int x;
  scanf("%d",&x);
  if(x++>5) printf("%d\n",x);
  else  printf("%d\n",x--);
}
```

A. 7　　　B. 6　　　C. 5　　　D. 4

解析 if 语句的条件表达式"x++>5",因为 5 不大于 5,所以条件为假,同时 x 值加 1 为 6;然后执行 else 后的输出函数,先输出 6,x 值减 1。答案为 B。

6. 以下程序的输出结果是(　　)。[2016 年 9 月]

```
main()
{
  int x=100,a=10,b=20,ok1=5,ok2=0;
  if(a<b)
    if(b!=15)
      if(!ok1)
```

```
        x=1;
      else
        if(ok2)  x=10;
      x=-1;
  printf("%d\n",x);
}
```

A. −1　　B. 0　　C. 1　　D. 不确定的值

解析 根据变量的赋值,嵌套 if 语句的条件“a<b”“b!=15”都为真,条件“!ok1”为假,执行配对的 else 后面的 if 语句,但条件“ok2”为假,所以不执行“x=10;”,顺序执行下面的“x=-1;”,所以答案为 A。

7. 若 k 是 int 型变量,且有以下程序段,则程序段的输出结果是(　　)。[2016 年 4 月]

```
k=-3;
if(k<=0) printf("####")
else printf("&&&&");
```

A. ####　　B. &&&&　　C. ####&&&&　　D. 有语法错误,无输出结果

解析 因为“printf("####")”后面缺少分号,所以答案为 D。

8. 表示关系“x<=y<=z”的 C 语言表达式为(　　)。[2014 年 9 月]

A. (x<=y)&&(y<=z)　　B. (x<=y)AND(y<=z)

C. (x<=y<=z)　　D. (x<=y)&(y<=z)

解析 C 语言中没有“AND”运算符,“&”是位与运算符,能表示数学关系的逻辑表达式只有 A,所以答案为 A。

9. 当 c 的值不为 0 时,在下列选项中能正确将 c 的值赋给变量 a、b 的是(　　)。[2013 年 9 月]

A. c=b=a;　　B. (a=c)||(b=c);

C. (a=c)&&(b=c);　　D. a=c=b;

解析 A 和 D 明显错误。因为 c 的值不为 0,a=c 则不为 0 为真,则“||”后面“b=c”不执行,所以 B 错误,而 C 中逻辑运算符是“&&”,a=c 不为 0 为真,还要运行后面的“b=c”,所以答案为 C。

10. 以下程序的输出结果是(　　)。[2013 年 9 月]

```
main()
{
  int a=-1,b=1,k;
  if((++a<0)&&!(b-- <=0))
    printf("%d  %d\n",a,b);
```

```
    else
        printf("%d  %d\n",b,a);
}
```

A. -1　1　　B. 0　1　　C. 1　0　　D. 0　0

解析 执行条件“++a<0”,a 的值为 0,条件为假,“&&”后面的条件不执行。执行 else 后面的输出语句,所以答案为 C。

思考与练习

一、选择题

1. 下列选项中,不能看作一条语句的是(　　)。

A. (;)　　B. if(b==0) a=1; c=2;

C. if(a>0);　　D. a=0,b=0,c=0;

2. 下列运算符中优先级最低的是(　　)。

A. &&　　B. ==　　C. <=　　D. +

3. 设 a、b 和 c 都是 int 型变量,且 a=3,b=4,c=5,则以下表达式中,值为 0 的表达式是(　　)。

A. a&&b　　B. a<=b

C. a||b+c&&b-c　　D. !((a<b)&&!c||1)

4. 以下程序的输出结果是(　　)。

```
main()
{
    int a=2,b=-1,c=2;
    if(a<b)
    if(b<0) c=0;
    else c+=1;
    printf("%d\n",c);
}
```

A. 1　　B. 0　　C. 2　　D. 3

5. 以下程序的输出结果是(　　)。

```
main()
{
    int w=4,x=3,y=2,z=1;
    printf("%d\n",(w>x? (x>y? Z:x):1);
}
```

A. 1　　B. 2　　C. 3　　D. 4

6. 若以下执行程序时从键盘输入 40,则输出的结果是(　　)。

```
main()
{
  int i;
  scanf("%d",&i);
  if(i>50) printf("%d",i+1);
  if(i>60) printf("%d",i+2);
  if(i>70) printf("%d",i+3);
}
```

A. 51　　B. 62　　C. 73　　D. 无任何输出

7. 以下程序的输出结果是(　　)。

```
main()
{
  int x=10,y=5;
  switch(x)
  case 11 x+=y;break;
  default x+=y;break;
  case 21 y--;break;
  case 31 x--;break;
}
  printf("x=%d,y=%d",x,y);
}
```

A. x=15,y=5　　B. x=10,y=5

C. x=14,y=4　　D. x=15,y=4

8. 设有定义 int a=1,b=2,c=3,以下语句中执行效果与其他 3 个不同的是(　　)。

A. f(a>b) c=a,a=b,b=c;　　B. f(a>b) (c=a,a=b,b=c;)

C. f(a>b) c=a;a=b;b=c;　　D. f(a>b) (c=a;a=b;b=c;)

9. 若变量已正确定义,在"f(w) printf("%d\n,k");中,以下不可替代 w 的是(　　)。

A. a<>b+c　　B. ch=getchar()

C. a==b+c　　D. a++

10. 以下程序运行后的输出结果是(　　)。

```
#include<stdio.h>
main()
{
```

```
    int a=1,b=0;
    if(!a)  b++;
    else if (a==0)
    if(a) b+=2;
    else b+=3;
    printf("%d\n",b);
}
```

A. 0　　B. 1　　C. 2　　D. 3

二、编程题

1. 编写程序,输入一个 1~7 之间的数字,输出对应的星期数。
2. 编写程序,输入一个整数,打印出它是奇数还是偶数。
3. 编写程序,将输入的任一整数反方向输出。
4. 编写程序,输入某年某月,求该月的天数。
5. 编写程序,求一元二次方程 $ax^2+bx+c=0$ 的根。

求一元二次方程的根,事实上应该有以下几种可能:

(1) 当 $a=0$ 时,不是二次方程。

(2) 当 $b^2-4ac=0$ 时,有两个相等的实根。

(3) 当 $b^2-4ac>0$ 时,有两个不等的实根。

(4) 当 $b^2-4ac<0$ 时,有两个共轭复数根。

模块 5 循环结构程序设计

案例引入——销售数据中相应业绩等级人数的判定

任务描述

假设销售业绩评定表如表 5-1 所示。

表 5-1 销售业绩评定表

sn	name	sale	level
1	张一	6 000	A
2	张二	2 000	C
3	张三	4 500	B
4	张四	4 800	B
5	张五	3 000	C
6	张六	4 700	B
7	张七	4 900	B
8	张八	5 800	A
9	张九	4 600	B
10	张十	3 200	C

(1) 通过键盘依次循环输入所有员工的业绩(sale),当输入负数时结束循环。

(2) 根据输入的员工 sale,判断是哪个等级(level)并输出,统计相应等级的人数,并输出。

说明:当 sale≥5 800 时,等级为 A;当 4 500≤sale<5 800 时,等级为 B;当 0<sale<4 500 时,等级为 C。

任务目标

（1）能够应用循环结构设计算法。

（2）能够根据处理需要设计循环体、循环控制和设置循环初值。

（3）培养软件开发必备的逻辑思维清晰、流程控制正确的基本素质。

源代码展示

```
#include<stdio.h>
main()
{
  char level;
  int sale,n1=0,n2=0,n3=0;
  printf("请输入员工的销售业绩(整数):");
  scanf("%d",&sale);
  while (sale>=0)
{
  if(sale>0&&sale<4500)
  {
    level='C';
  }
  else if(sale>=4500&&sale<5800)
  {
    level='B';
  }
  else
  {
    level='A';
  }
switch(level)
{
  case 'A': n1++;break;
  case 'B': n2++;;break;
  default: n3++;
}
  printf("请输入员工的销售业绩(整数):");
  scanf("%d",&sale);
}
  printf("等级 A 人数为:%d\n,等级 B 人数为:%d\n,等级 C 人数为:%d\n",n1,n2,n3);
}
```

运行结果

模拟运行结果如图 5-1 所示。

```
开始运行...
请输入员工的销售业绩（整数）: 5000
请输入员工的销售业绩（整数）: 4600
请输入员工的销售业绩（整数）: 7000
请输入员工的销售业绩（整数）: 9000
请输入员工的销售业绩（整数）: -1
等级A人数为: 2
,等级B人数为: 2
,等级C人数为: 0

运行结束。
```

图 5-1　模拟运行结果

程序分析

任务要求根据输入的员工业绩判断其等级并输出相应等级的人数。程序采用分支选择和循环控制结构，循环结束条件是 sale 输入为负数时。等级统计处理采用 switch 语句，使用变量 n1，n2，n3 分别统计相应等级的人数。

知识讲解

许多问题的求解归结为重复执行的操作。例如，输入员工的销售业绩，数值计算中的方程迭代求根，非数值计算中的对象遍历等。重复执行就是循环，重复工作是计算机特别擅长的工作之一。循环结构是结构化程序设计的 3 种基本结构之一，在程序设计中对于那些需要重复执行的操作利用循环结构处理既简单又方便。因此，熟练掌握循环结构的应用是程序设计最基本的要求。在 C 语言中有 4 种可以构成循环结构的语句，结构化程序设计方法主张限制使用 goto 语句，因此本模块主要介绍 while、do...while 和 for 三种循环语句。

5.1 while 语句

while 语句是实现循环结构的常用语句之一，常用于实现“当型”循环。

1．语法

while 语句的语法格式如下。

```
while(表达式)
{
  语句序列;
}
```

while 是关键字，其中的表达式称为循环条件，语句序列称为循环体。

当逻辑表达式为真(非 0)时，重复执行循环体语句；当逻辑表达式为假(0)时，终止循环，执行下一条语句。while 语句的特点是先判断，后执行。其流程如图 5-2 所示。

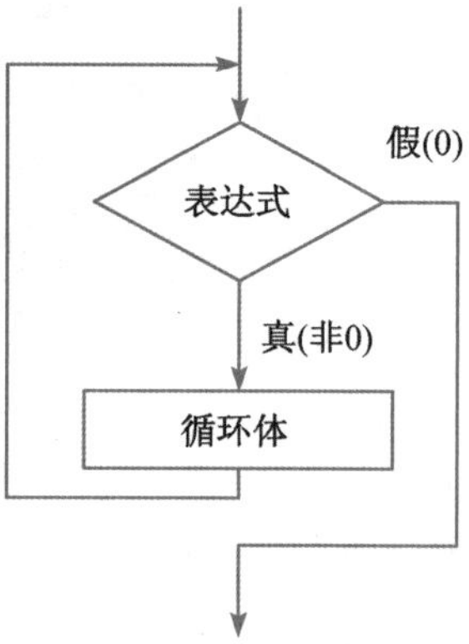

图 5-2　while 语句流程

使用 while 语句需要注意以下几点。

(1) while 语句的特点是先计算表达式的值，然后根据表达式的值决定是否执行循环体中的语句。因此，如果表达式的值一开始就为假，那么循环体一次也不执行。

(2) 当循环体由多个语句组成时，必须用{}括起来，形成复合语句。

(3) 在循环体中应有使循环趋于结束的语句，以避免“死循环”的发生。

【例 5-1】 用 while 语句计算 s=1+2+3+…+100 的值。

程序代码如下。

```
#include<stdio.h>
main()
{
  int i,s;
  i=1;s=0;  /*设循环初值*/
  while(i<=100)  /*循环终止判断*/
  {
    s=s+i;          /*循环体设计*/
    i++;
  }
  printf("1+2+3...+100=%d",s);
}
```

程序运行结果如图 5-3 所示。

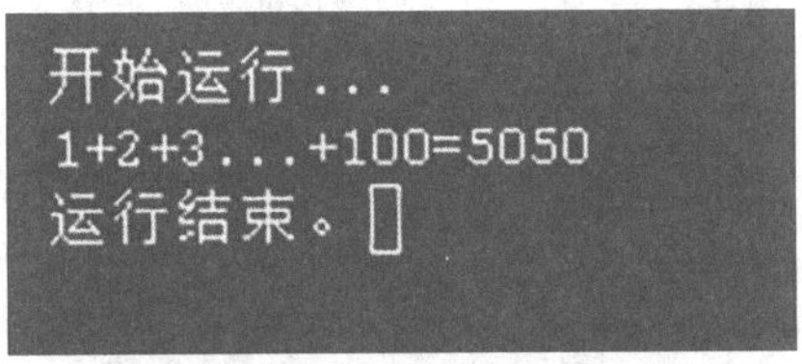

图 5-3　【例 5-1】程序运行结果

2. 循环结构程序设计的关键

（1）循环体的设计。遇到数列求和、求积的一类问题，一般可以考虑使用循环解决。累加：s=s+item；累乘：s=s * item；计数：s=s+1。

（2）注意循环初值的设置。一般对于累加器常常设置为 0，累乘器常常设置为 1。

注意：循环控制变量初始、步长、终值设置。

（3）设计特殊输入数据（远离正常数据）作为终止循环条件。循环体中要做重复的工作，同时应有使循环趋于结束的语句。

【例 5-2】　求某几个员工的奖金的平均值，输入-1 时终止循环。

程序代码如下。

```
#include<stdio.h>
main()
{
    int reward,n=0;
    float sum=0,avg;
    printf("请输入几个人的奖金:\n");
    scanf("%d",&reward);
    while(reward!=-1)
    {

        sum+=reward;
        n++;
        scanf("%d",&reward);
    }
    avg=sum/n;
    printf("平均值=%.1f\n",avg);
}
```

程序运行结果如图 5-4 所示。

```
开始运行...
请输入几个人的奖金:
400
600
800
-1
平均值=600.0

运行结束。
```

图 5-4 【例 5-2】程序运行结果

（4）设置某一项（趋于 0）小于某一很小的数值或者满足什么条件时终止循环。

【例 5-3】 求一个等差数列前 *n* 项的和。

程序代码如下。

```
#include<stdio.h>
main()
{
  int f,d,i=1,n,sum=0;
  printf("请依次输入等差数列的首项、公差和项数:");
  scanf("%d%d%d",&f,&d,&n);
  while(i<=n)
  {
    printf("%d+",f);
    sum+=f;
    f+=d;
    i++;
  }
  printf("\b = %d\n",sum);
}
```

程序运行结果如图 5-5 所示。

```
开始运行...
请依次输入等差数列的首项、公差和项数: 2 2 7
2+4+6+8+10+12+14 = 56

运行结束。
```

图 5-5 【例 5-3】程序运行结果

5.2 do...while 语句

do...while 语句可以实现“直到型”循环，先无条件地执行循环体语句，再进行判断。直到条件为假，退出循环。

do...while 语句的语法格式如下。

```
do
   循环体
while(表达式);
```

执行循环体语句，当逻辑表达式为真（非 0）时，重新执行循环体语句；当逻辑表达式为假（0）时，终止循环，执行下一条语句。特点是先执行，后判断。其程序流程如图 5-6 所示。

有关 do...while 语句的说明如下。

（1）do...while 循环总是先执行一次循环体，然后求表达式的值，因此，无论表达式是否为真，循环体至少执行一次。

（2）do...while 循环与 while 循环十分相似，它们的主要区别是：while 循环先判断循环条件，再执行循环体，循环体可能一次也不执行。do...while 循环则先执行循环体，再判断循环条件，循环体至少执行一次。

（3）循环体中应该有使循环趋于终止的语句。

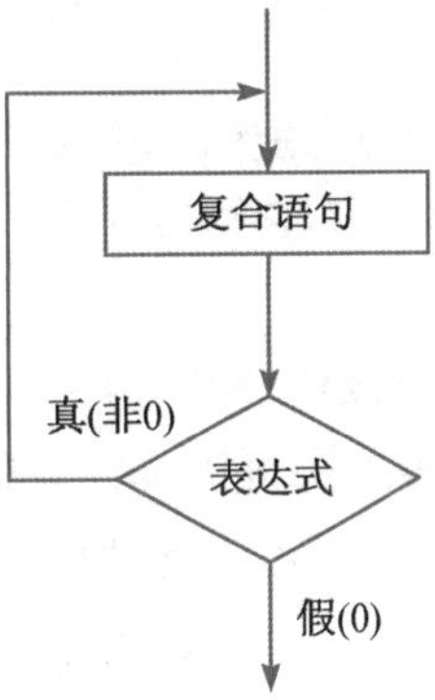

图 5-6　do...while 语句流程

【例 5-4】　编写程序，求满足 1+2+3+…+n<1 000 时 n 的最大值及累加和。

程序代码如下。

```
#include<stdio.h>
main()
{
   int n=0,s=0;   /*设循环初值*/
   do
   {
      n=n+1;
      s=s+n;
   }
   while(s<1000);
   printf("n=%d,sum=%d\n",n-1,s-n);
}
```

程序运行结果如图 5-7 所示。

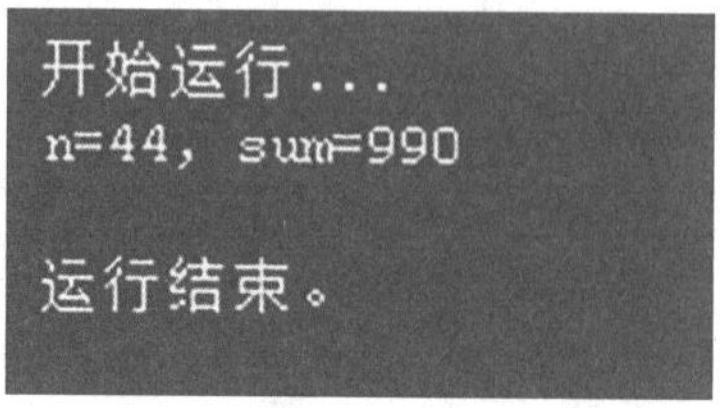

图 5-7 【例 5-4】程序运行结果

5.3 for 语句

for 语句是实现循环最常用的语句。它不仅可以用于循环次数确定的情况，也可以用于循环次数不确定而只给出循环结束条件的情况。

for 语句的语法格式如下。

```
for(表达式 1;表达式 2;表达式 3)
    循环体
```

for 是关键字，其后有 3 个表达式，各个表达式用“;”分隔。3 个表达式可以是任意的表达式，通常主要用于 for 循环控制。

for 循环执行过程如图 5-8 所示。

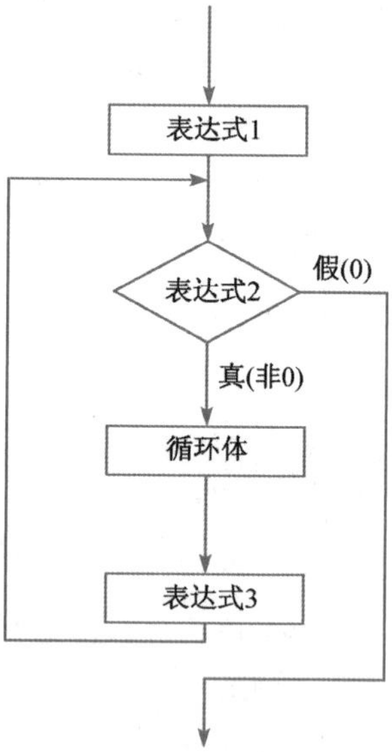

图 5-8 for 循环流程

(1) 计算表达式 1。

(2) 计算表达式 2，若其值为真非(0)(循环条件成立)，则转步骤(3)执行循环体；若其值为假(0)(循环条件不成立)，则转步骤(5)结束循环。

(3) 执行循环体。

(4) 计算表达式 3，然后转步骤(2)判断循环条件是否成立。

(5) 结束循环，执行 for 循环之后的语句。

关于 for 语句的几点说明如下。

(1) 表达式 1 或者循环初值可以放在语句之前，但分号不能省略。例如：

```
for(i=1;i<=100;i++)
    s=s+i;
```

循环初值放在 for 语句之前实现如下。

```
i=1;
for(;i<=100;i=i+1)
  s=s+i;
```

(2) 若省略表达式 2,即不在表达式 2 的位置判断循环终止条件,循环无终止地进行,也就是认为表达式 2 始终为“真”,则应该在其他位置(如循环体)安排检测及退出循环的机制。

(3) 可以省略表达式 3,但应该设法保证循环终止。例如:

```
for(i=1;i<=100;) {s=s+i; i=i+1;}
```

(4) 可以省略表达式 1 和表达式 3,但应该设法保证循环终止。例如:

```
i=1;
for(;i<=100;) {s=s+i; i=i+1;}
```

(5) 可以省略表达式 1、2 和 3,但两个分号不能省,循环体无终止。例如:

```
for(;;)printf("*");
```

循环将无限制地执行而形成无限循环(死循环)。

(6) 表达式 1 和表达式 3 可以是逗号表达式。例如:

```
for(s=0,i=1;i<=100;s+=i,i++){…}
```

从上面的说明可以看出,C 语言的 for 语句功能强大,使用灵活,可以把循环体和一些与循环控制无关的操作也都作为表达式出现,程序短小简洁。但是,如果过分使用这个特点会使 for 语句显得杂乱,降低程序可读性。建议不要把与循环控制无关的内容放在 for 语句的 3 个表达式中,养成程序设计的良好风格。

【例 5-5】 输入 3 位员工的奖金,计算输出平均值、最高值和最低值。

程序代码如下。

```
#include <stdio.h>
main()
{
  int i=1,reward;
  float max=0,min=0,sum=0;
  printf("请输入第%d 员工的奖金:",i);
  scanf("%d",&reward);
  max=reward;
  min=reward;
  sum+=reward;
```

```
    for(i=2;i<4;i++)
    {
      printf("请输入第%d 员工的奖金:",i);
      scanf("%d",&reward);
      sum+=reward;
      if(reward>max)
      max=reward;
      if(reward<min)
      min=reward;
    }
    printf("平均值=%.1f  最大值=%.1f  最小值=%.1f",sum/3,max,min);
}
```

程序运行结果如图 5-9 所示。

图 5-9 【例 5-5】程序运行结果

【例 5-6】 计算 $n!$。

程序代码如下。

```
#include<stdio.h>
main()
{
  float i=1.0;
  int m,n;
  printf("请输入一个整数:");
  scanf("%d",&n);
  for(m=1;m<=n;m++)
  i*=m;
  printf("%d!=%.0f\n",n,i);
}
```

程序运行结果如图 5-10 所示。

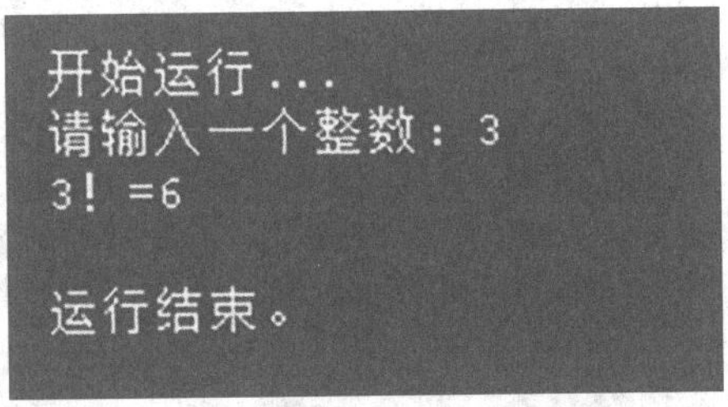

图 5-10　【例 5-6】程序运行结果

5.4 循环嵌套

一个循环内又包含另一个循环，称为循环的嵌套。内循环中还可以嵌套循环。按照循环的嵌套次数，可有二重循环、三重循环等。一般将处于内部的循环称为内循环，处于外部的循环称为外循环。3 种循环语句 for 语句、while 语句和 do...while 语句可以相互嵌套。

（1）一个循环体必须完整地嵌套在另一个循环体内，不能出现交叉现象。

（2）多层循环的执行顺序是：最内层先执行，由内向外逐步展开。

（3）3 种循环语句构成的循环可以相互嵌套。

（4）并列循环允许使用相同的循环变量，但嵌套循环不允许。

（5）嵌套的循环要采用缩进格式书写，使程序层次分明，便于阅读和调试。

【例 5-7】　输出九九乘法表。

程序代码如下。

```
#include<stdio.h>
main()
{
  int i,j;
  for(i=1;i<=9;i++)
  {
    for(j=1;j<=9;j++)
    printf("%d*%d=%d   ",i,j,i*j);
    printf("\n");
  }
}
```

程序运行结果如图 5-11 所示。

```
开始运行...
1*1=1  1*2=2  1*3=3  1*4=4  1*5=5  1*6=6  1*7=7  1*8=8  1*9=9
2*1=2  2*2=4  2*3=6  2*4=8  2*5=10  2*6=12  2*7=14  2*8=16  2*9=18
3*1=3  3*2=6  3*3=9  3*4=12  3*5=15  3*6=18  3*7=21  3*8=24  3*9=27
4*1=4  4*2=8  4*3=12  4*4=16  4*5=20  4*6=24  4*7=28  4*8=32  4*9=36
5*1=5  5*2=10  5*3=15  5*4=20  5*5=25  5*6=30  5*7=35  5*8=40  5*9=45
6*1=6  6*2=12  6*3=18  6*4=24  6*5=30  6*6=36  6*7=42  6*8=48  6*9=54
7*1=7  7*2=14  7*3=21  7*4=28  7*5=35  7*6=42  7*7=49  7*8=56  7*9=63
8*1=8  8*2=16  8*3=24  8*4=32  8*5=40  8*6=48  8*7=56  8*8=64  8*9=72
9*1=9  9*2=18  9*3=27  9*4=36  9*5=45  9*6=54  9*7=63  9*8=72  9*9=81
运行结束。
```

图 5-11 【例 5-7】程序运行结果

【例 5-8】 打印以下图案。

```
   1
  222
 33333
4444444
```

程序代码如下。

```
#include<stdio.h>
main()
{
  int i,j,k,n;
  printf("请输入一个整数 n:");
  scanf("%d",&n);
  for(i=1;i<=n;i++)
  {
    for(j=1;j<=n-i;j++)
    printf(" ");
    for(k=1;k<=i+i-1;k++)
    printf("%d",i);
    printf("\n");
  }
}
```

程序运行结果如图 5-12 所示。

```
开始运行...
4
   1
  222
 33333
4444444

运行结束。
```

图 5-12 【例 5-8】程序运行结果

5.5 break 语句和 continue 语句

在循环程序执行过程中，有时需要终止循环。C 语言中提供了两个循环中断控制语句，即 break 语句和 continue 语句。break 语句跳出本层循环不再执行，continue 语句是结束本次循环，下次循环可以继续执行。多层循环可以设置一个标志变量，逐层跳出。

5.5.1 break 语句

break 语句用于跳出 switch 语句或跳出本层循环体，其语法格式如下。

```
break;
```

（1）break 语句只用于循环语句或 switch 语句中。在循环语句中，break 语句常常和 if 语句一起使用，表示当条件满足时，立即终止循环。注意 break 不是跳出 if 语句，而是跳出循环结构。

（2）循环语句可以嵌套使用，break 语句只能跳出（终止）其所在的循环，而不能跳出多层循环。要实现跳出多层循环可以设置一个标志变量，控制逐层跳出。

【例 5-9】 编写程序，求不大于正整数 n 的全部质数。

程序代码如下。

```
#include<stdio.h>
main()
{
  int i,j,n;
  printf("请输入一个整数:");
  scanf("%d",&n);
  for(i=2;i<=n;i++)
  {
    for(j=2;j<i;j++)
    if(i%j==0)
    break;
    if(j>=i)
  {
    printf("%d,",i);
  }
}
  printf("\b \n");
}
```

程序运行结果如图 5-13 所示。

```
开始运行...
请输入一个整数：40
2,3,5,7,11,13,17,19,23,29,31,37

运行结束。
```

图 5-13 【例 5-9】程序运行结果

5.5.2 continue 语句

continue 语句的语法格式如下。

```
continue;
```

continue 语句用于结束本次循环，即跳出本层循环中余下的尚未执行的语句，接着执行下一次循环条件的判定。执行 continue 语句并没有使整个循环终止，注意其与 break 的不同。

在 while 和 do...while 循环中，continue 语句使流程直接跳到循环控制条件的测试部分，然后决定循环是否继续执行。在 for 循环中，遇到 continue 后，跳过循环体中余下的语句，而计算 for 语句中表达式 3 的值，然后测试表达式 2 的条件，最后根据表达式 2 的值来决定 for 循环是否执行。

【例 5-10】 把 1~10 不能被 3 整除的数输出。

程序代码如下。

```
#include<stdio.h>
main()
{
  int n;
  for(n=1;n<=10;n++)
  {
    if(n%3==0)
    continue;
    printf("%d,",n);
  }
    printf("\b \n");
}
```

程序运行结果如图 5-14 所示。

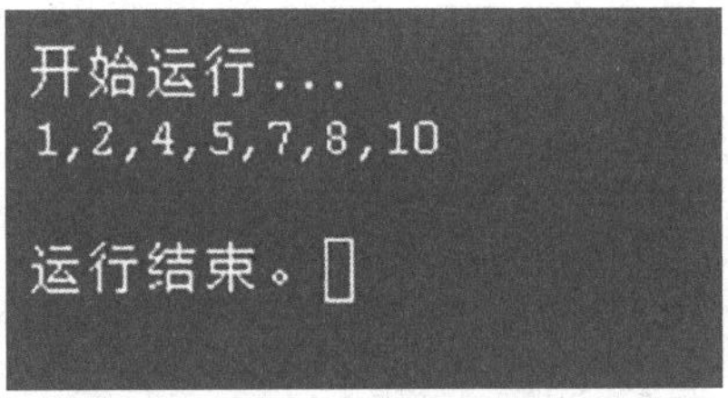

图 5-14　【例 5-10】程序运行结果

5.6 技能训练

循环结构是程序设计中非常重要的内容,应该熟练掌握。通过本模块的学习,应该理解循环语句的内部执行机理,熟练掌握 for 语句、while 语句、do...while 语句的使用。在 C 语言中,3 种循环结构都可以用来处理同一个问题,但在具体使用时存在一些细微的差别,不能说哪种结构更优越。具体使用哪一种语句依赖于程序的可读性和程序设计者个人程序设计的风格。应当尽量选择恰当的循环结构,使程序更加容易理解。一般来说,对计数型的循环或确切知道循环次数的循环,用 for 循环比较合适;对其他不确定循环次数的循环(如链表操作),许多程序设计者喜欢用 while 或 do...while 循环。

从前面的实例中可以看到,有些数学问题的思路基本上有一定的模式,因此对于有些问题的处理思路可以"死记硬背"。另外,编写能够运行的程序容易,但编写效率高的程序需要多动脑筋,一定要先理顺解决问题的步骤及编程思路,这就要求学生多写多练,养成处理问题的习惯思维。

【例 5-11】　编写程序,将 1~100 中个位数是 6 的数据输出。

很多初学者会习惯上这样写:

```
for(i=1;i<=100;i++)
{
  if(i%10==6)
    printf("%5d",i);
}
```

请与下面的程序比较,哪个程序的执行效率高(循环次数少)?

程序代码如下。

```
#include <stdio.h>
main()
{
  int i,k;
  for(i=0;i<10;i++)
```

```
    {
      k=i * 10+6;
      printf("%4d",k);
    }
}
```

程序运行结果如下。

```
6  16  26  36  46  56  66  76  86  96
```

【例 5-12】 从键盘上连续输入字符,统计其中大写字母的个数,直到输入换行符结束。

程序代码如下。

```
#include <stdio.h>
main()
{
  char ch;
  int n=0;
  while((ch=getchar())!='\n')
  {
    if(ch>='A'&&ch<='Z')   n++;
  }
  printf("A-Z:%d\n",n);
}
```

程序运行结果如下。

```
How are you? OK ↙
A-Z:3
```

【例 5-13】 模拟实现小学数学加法运算。随机产生 10 个两位数加法题,根据回答对错计分(每对一题得 10 分)。

程序代码如下。

```
#include <stdio.h>
#include <stdlib.h>
main()
{
  int i,a,b,c,n=0;
  srand(time(0));  /*保证每次执行的数据不一样*/
```

```
    for(i=1;i<=10;i++)
    {
      a=rand()%90+10;
      b=rand()%90+10;
      printf("%d+%d=",a,b);
      scanf("%d",&c);
      if(a+b==c)
      {
        printf("正确,请继续\n");
        n++;
      }
      else printf("错了,请继续\n");
    }
    printf("您本次得分为:%d\n",n*10);
}
```

程序运行结果如图 5-15 所示。

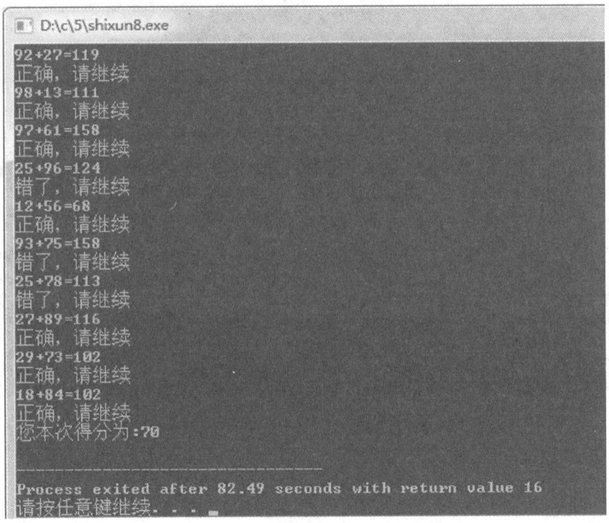

图 5-15　【例 5-13】程序运行结果

【例 5-14】　输入 5 位学生 6 门课程成绩,分别计算并输出每位学生 6 门课程成绩的平均分。

本题需要使用二重循环。外循环控制学生人数,内循环控制各门成绩。内循环用来输入某位学生的 6 门课成绩,并进行累加。

程序代码如下。

```
#include <stdio. h>
main( )
{
  int i,j;
  float score,sum,ave;
  for(i=1;i<=5;i++)
  {
    sum=0;
    printf("请输入第%d 位学生的 6 门课成绩:",i);
    for(j=1;j<=6;j++)
    {
      scanf("%f",&score);
      sum+=score;
    }
    ave=sum/6;
    printf("NO. %d average=%. 1f\n",i,ave);
  }
}
```

程序运行结果如图 5-16 所示。

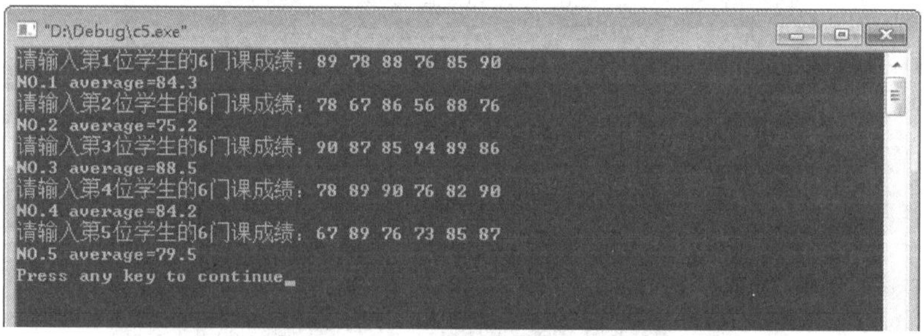

图 5-16 【例 5-14】程序运行结果

【例 5-15】 用 40 元买苹果、梨和西瓜,各个品种都要,总数为 100 个。假设已知苹果 0.4 元一个,梨 0.2 元一个,西瓜 4.0 元一个,问各种水果可以买多少个?请输出所有可能的方案。

用穷举法解决这个实际问题。依题意,西瓜最多可以买 9 个,苹果最多可以买 89 个,因总和最多为 100 个,故梨的个数自然就可以算出来了。

程序代码如下。

```
#include <stdio. h>
main( )
```

```
{
  int i,j,k;
  for(i=1;i<=9;i++)
  {
    for(j=1;j<=89;j++)
    {
      k=100-i-j;
      if(40*i+4*j+2*k==400)
        printf("i=%d,j=%d,k=%d\n",i,j,k);
    }
  }
}
```

程序运行结果如下。

```
i=1,j=81,k=18
i=2,j=62,k=36
i=3,j=43,k=54
i=4,j=24,k=72
i=5,j=5,k=90
```

等级考试重难点与真题解析

本模块主要考查循环结构设计方法，其中包括 for、while、do...while 语句的使用，以及 continue 和 break 循环控制语句的使用。循环结构程序属于 3 种基本的程序设计方法之一，其特点是在给定条件成立时，反复执行某程序段，直到条件不成立为止。给定的条件称为循环条件，反复执行的程序段称为循环体。C 语言提供的循环语句可以组成各种不同形式的循环结构。通过对历年考试内容的分析，本模块属于考核的重中之重，在考试中所占分值很高，考核形式也多种多样。

一、 重难点解析

1. while 语句

对 while 语句的几点说明如下。

(1) 在 while 循环体内允许空语句。

(2) 可以有多层循环嵌套。

(3) 循环体是多条语句时，必须用“{”和“}”括起来构成复合语句。

(4) while 语句中的表达式一般是关系表达式或逻辑表达式，只要表达式的值为真

(非 0),即可继续循环;应该避免非人为的死循环。

2. break 语句和 continue 语句

break 语句有两个用途。

(1) 在 switch 语句中用来使流程跳出 switch 结构。

(2) 用在循环体内,迫使所在循环立即终止,即跳出所在循环体。

而 continue 语句只能用于 3 种循环语句中,其作用是:不执行循环体中本语句之后的语句,重新判断循环控制的条件,继续下一轮循环体的执行。

二、真题解析

1. 执行以下程序段的结果是(   )。[2017 年 9 月]

```
int x=23;
do{
  printf("%2d",x--);
}
while(!x);
```

A. 打印出 321　　B. 打印出 23　　C. 不打印任何内容　　D. 陷入死循环

解析 第一次循环输出 23 且 x 值为 22,判断条件!22为假,终止循环,答案为 B。

2. 以下的 for 循环(   )。[2017 年 4 月]

```
for(x=0,y=0; (y!=123)&&(x<4); x++);
```

A. 是无限循环　　B. 循环次数不定　C. 执行 4 次　　D. 执行 3 次

解析 for 循环的终止判断条件是“(y!=123)&&(x<4)”。因为 y!=123 总成立,只看后面的条件“x<4”即可,当 x 累加到 4 时条件不成立终止循环。所以答案为 C。

3. C 语言中(   )。[2017 年 4 月]

A. 不能使用 do...while 语句构成的循环

B. do...while 语句构成的循环必须用 break 语句才能退出

C. do...while 语句构成的循环,当 while 语句中的表达式值为非零时结束循环

D. do...while 语句构成的循环,当 while 语句中的表达式值为零时结束循环

解析 可以使用 do...while 语句构成循环,所以 A 错误,do...while 语句当条件表达式的值为零时结束循环,所以 B、C 错误,答案为 D。

4. 以下程序的输出结果是(   )。[2017 年 4 月]

```
#include <stdio.h>
main()
{
  int i;
```

```
    for(i=1;i<=5;i++){
        if(i%2)
            printf("*");
        else
            continue;
        printf("#");
    }
    printf("$\n");
}
```

A. *#*#*#$　　B. #*#*#*$

C. *#*#$　　D. #*#*

解析 第一次循环输出*#,第二次循环执行 continue,第三次循环输出*#,第四次循环执行 continue,第五次循环输出*#,最后输出$,所以答案为 A。

5. 设 x 和 y 均为 int 型变量,则执行下面的循环后,y 值为(　　)。[2014 年 9 月]

```
for(y=1,x=1;y<=50;y++){
    if(x>=10)
        break;
    if(x%2==1){
        x+=5;
        continue;
    }
    x-=3;
}
```

A. 2　　B. 4　　C. 6　　D. 8

解析 第 1 次循环,满足"x%2==1",执行 x+=5 后,x=6,执行 continue,y++后值为 2,第 2 次循环,因为 6<10,且 6%2=0,执行 x-=3,使 x=3。第 3 次循环,y++后值为 3,3<10,3%2=1,执行 x+=5 后 x=8,执行 continue,y++后值为 4,第 4 次循环,因为8<10,且 8%2=0,执行 x-=3,使 x=5。第 5 次循环,y++后值为 5,5<10,5%2=1,执行 x+=5 后 x=10,执行 continue,y++后值为 6,第 6 次循环,因为 10>=10,执行 break 跳出循环。所以答案为 C。

6. 有以下程序:

```
#include <stdio.h>
main()
{
    int c;
    while((c=getchar())!='\n')
```

```
    {
      switch(c-'2')
      {
        case 0:
        case 1: putchar(c+4);
        case 2: putchar(c+4);break;
        case 3: putchar(c+3);
        case 4: putchar(c+2);break;
      }
    }
}
```

从第一列开始输入以下数据,<CR>代表一个回车符。

```
2743<CR>
```

程序的输出结果是(　　)。[2017 年 4 月]

A. 66877　　B. 668966　　C. 6677877　　D. 6688766

解析 第 1 次循环,读 2,条件 c-'2'=0,case 0 后没有语句,执行 case 1 后面的 putchar(c+4),输出 6,继续执行 case 2 后的 putchar(c+4),输出 6,遇到 break 跳出 switch;第 2 次循环,读 7,条件 c-'2'=5,跳出 switch;第 3 次循环,读 4,条件 c-'2'=2,执行 case 2 后的语句 putchar(c+4),输出 8,遇到 break 跳出 switch;第 4 次循环,读 3,条件 c-'2'=1,执行 case 1 后面的 putchar(c+4),输出 7,继续执行 case 2 后的 putchar(c+4),输出 7,遇到 break 跳出 switch;所以输出结果为 66877,答案为 A。

7. 以下程序的输出结果是(　　)。[2016 年 9 月]

```
main()
{
  int x=3;
  do{
    printf("%d\n",x-=2);
  }while(!(--x));
}
```

A. 输出的是 1　　B. 输出的是 1 和-2

C. 输出的是 3 和 0　　D. 是死循环

解析 第 1 次循环,执行 x-=2,使 x=1,输出 1,执行--x,使 x=0,循环条件"!(--x)"为真;第 2 次循环,执行 x-=2,使 x=-2,输出-2,执行--x,使 x=-3,循环条件"!(--x)"为假,终止循环。所以答案为 B。

8. 以下程序的输出结果是(　　)。[2016 年 9 月]

```
main()
{
  int y=9;
  for( ; y>0; y--){
    if(y%3==0)
    {
      printf("%d",--y);
      continue;
    }
  }
}
```

A. 741　　B. 852　　C. 963　　D. 875421

解析 第 1 次循环 y=9,9%3==0,执行—y,y=8,输出 8,执行 continue,y--,第 2 次循环 y=7,7%3=1,执行 y--,第 3 次循环,y=6,6%3=0,执行—y,y=5,输出 5,执行 continue,y--,第 4 次循环 y=4,4%3=1,执行 y--,第 5 次循环,y=3,3%3=0,执行--y,y=2,输出 2,执行 continue,y--,第 6 次循环 y=1,1%3=1,执行 y--,y=0 跳出循环。所以答案为 B。

9. 若 x 是 int 型变量,则以下程序段的输出结果是(　　)。[2016 年 4 月]

```
for(x=3; x<6; x++) printf((x%2)?("**%d"):("##%d\n"),x);
```

A. **3
##4
**5

B. ##3
**4
##5

C. ##3
**4##5

D. **3##4
**5

解析 根据条件表达式,当 x 为奇数时输出,如“**3”且不换行;x 为偶数时输出,如“##4”并换行。所以答案为 D。

10. 以下程序的输出结果是(　　)。[2016 年 4 月]

```
#include <stdio.h>
main()
{
  int a,b;
  for(a=1,b=1;a<=100;a++)
  {
    if(b>=20)
    break;
    if(b%3==1)
    {
```

```
        b+=3;
        continue;
      }
    b-=5;
  }
  printf("%d\n",a);
}
```

A. 7　　B. 8　　C. 9　　D. 10

解析 程序输出的结果为循环的次数。第 1 次循环，条件 1%3==1，执行 b+=3，b=4，continue；第 2 次循环，条件 4%3==1，执行 b+=3，b=7，continue；第 3 次循环，条件 7%3==1，执行 b+=3，b=10，continue；第 4 次循环，条件 10%3==1，执行 b+=3，b=13，continue；以此类推，循环 8 次，答案为 B。

11. 假定 a 和 b 为 int 型变量，则执行以下语句后 b 的值为(　　)。[2014 年 9 月]

```
a=1; b=10;
do{
  b-=a;
  a++;
}
while(b--<0);
```

A. 9　　B. −2　　C. −1　　D. 8

解析 第 1 次循环，执行 b-=a，b=9，a++后 a=2，因为 9 不小于 0，所以终止循环，且 b--，使 b=8，所以答案为 D。

12. 以下程序的输出结果是(　　)。[2013 年 9 月]

```
main()
{
  int x=10,y=10,i;
  for(i=0;x>8;y=++i)
    printf("%d %d ",x--,y);
}
```

A. 10 1 9 2　　B. 9 8 7 6　　C. 10 9 9 0　　D. 10 10 9 1

解析 因为 10>8，执行第 1 次循环，输出 10 10，且 x--使 x=9；执行 y=++i，使 y=1，因为 9>8，执行第 2 次循环，输出 9 1，且 x--使 x=8；执行 y=++i，使 y=2，但 8 不大于 8，所以终止循环。所以答案为 D。

思考与练习

一、选择题

1. 以下程序中 while 语句的执行次数是(　　)。

```
main()
{
  int i=0;
  while(i<10)
  {
    if(i<1) continue;
    if(i==5) break;
    i++;
  }
}
```

A. 1　　B. 10　　C. 6　　D. 不能确定次数

2. 以下程序段的输出结果是(　　)。

```
int i,j,m=0;
  for(i=1;i<=5;i+=4)
  for(j=3;j<=19;j+=4)
m++;
printf("%d\n",m);
```

A. 12　　B. 15　　C. 10　　D. 25

3. 若 i 和 k 都是 int 型变量,有以下 for 语句:

```
for(i=0,k=-1;k=1;k++) printf("*****\n");
```

下面关于语句执行情况的叙述中正确的是(　　)。

A. 循环体执行两次　　B. 循环体执行一次

C. 循环体一次也不执行　　D. 构成无限循环

4. 以下程序的输出结果是(　　)。

```
main()
{
  int i,sum;
  for(i=1;i<6;i++)
    sum+=sum;
    printf("%d\n",sum);
}
```

A. 15　　B. 14　　C. 不确定　　D. 0

5. 下列 for 语句的执行次数是(　　)。

```
for(i=0,j=0;! j&&i<=5;i++) j++;
```

A. 5　　B. 6　　C. 1　　D. 无限次

6. 以下程序运行后的输出结果是(　　)。

```
main()
{
  char b,c;
  int i;
  b='a';c='A';
  for(i=0;i<6;i++)
  {
    if(i%2)
      putchar(i+b);
    else
      putchar(i+c);
  }
}
```

A. ABCDEF　　B. AbCdEf　　C. aBcDeF　　D. abcdef

7. 以下程序运行后的输出结果是(　　)。

```
main()
(
  int c=0,k;
  for(k=1;k<3;k++)
  switch(k)
  {
    default:c+=k;
    case 2:c++;break;
    case 4:c+=2;break;
  }
    printf("%d\n",c);
}
```

A. 3　　B. 5　　C. 7　　D. 9

8. 以下程序运行后的输出结果是(　　)。

```
main( )
{
  int n=2,k=0;
  while(k++&&n++>2);
  printf("%d%d\n",k,n);
}
```

A. 02　　　　B. 13　　　　C. 57　　　　D. 12

9. 以下程序运行时,若输入123450<回车>,则输出结果是(　　)。

```
main( )
(
  int s;
  scanf("%d",&s);
  while(s>0)
  {
    switch(s)
    case 1:printf("%d",s+5);
    case2:printf("%d",s+4);break;
    case3:printf("%d",s+3);
    default:printf("%d",s+1);break;
  }
    scanf("%d",&s);
}
```

A. 6566456　　　　B. 66656　　　　C. 66666　　　　D. 6666656

10. 以下程序的运行结果是(　　)。

```
#include<stdio. h>
main( )
  int i=5:
  do{
  if(i%3==1)
  if(i%5==2)
  {
    printf(" * %d",i);
    break;
  }
    i++:
  }
    while(i!=0);
}
```

A. *7　　　　B. *3*5　　　　C. *5　　　　D. *2*6

二、编程题

1. 编写程序,求 2−4+6−8+…−100 的值。

2. 输出 1~100 中所有的质数,要求 10 个数据为一行输出。

3. 在屏幕上用“ * ”画一个倒三角形。

4. 编写程序,求 e 的值。$e \approx 1+\frac{1}{1!}+\frac{1}{2!}+\frac{1}{3!}+\cdots+\frac{1}{n!}$。

(1) 用 for 循环语句,计算前 n 项。

(2) 用 while 循环语句,要求直至最后一项的值小于 10^{-6}。

5. 小明有一张百元大钞,欲兑换成若干小钞,现有 10 元若干张,20 元若干张,50 元若干张,每张类型的小钞都要兑有,共有多少种不同的兑换方案。

6. 输出斐波那契数列 1,1,2,3,5,8,13,... 的前 25 项,要求每行输出 5 项。

模块 6 应用数组程序设计

案例引入——城市平均气温的批量存储、计算与排序

任务描述

国内主要城市各月平均气温表如表 6-1 所示。

表 6-1　　城市各月平均气温　　单位:℃

城市	1月	2月	3月	4月	5月	6月	7月	8月	9月	10月	11月	12月
北京	-1.5	1.0	9.1	15.7	21.1	26.9	26.7	26.7	21.8	13.5	6.5	-2.2
上海	7.3	8.6	12.3	15.2	22.3	25.3	26.6	30.5	24.3	19.2	15.3	7.0
广州	15.8	16.1	20.0	20.0	27.1	28.2	30.3	28.4	27.0	23.4	21.2	14.6
重庆	10.0	11.2	16.0	17.9	24.8	26.5	27.6	31.4	23.5	17.7	15.3	8.7
西宁	-5.3	-2.4	2.8	6.6	11.7	14.8	16.8	16.1	12.4	6.2	0.7	-7.1

(资料来源:中国统计年鉴[Z]. 中国统计出版社. 2021)

编写程序,对所有城市,定义一个二维数组 city_t[5][12],存放通过键盘输入的每月平均气温。计算每个城市一年的平均气温,需定义一个一维数组 yt[5]存放每个城市的年平均气温,对 yt 数组中存放的平均气温升序排列并输出。

提示:

(1) 双重循环按行从键盘输入城市名至二维数组 city,不要用初始化赋值。

(2) 双重循环计算二维数组 city 中每行数据的平均值,并将其存入一维数组 yt。

(3) 双重循环对一维数组 yt 中的数据分别进行升序排列。

(4) 输出一维数组 yt 中经过排序的数据。

思考：对于一维数组 yt 中排列好的气温数据，怎么能知道哪个平均气温对应哪个城市呢？

任务目标

（1）能够应用数组管理数据。

（2）能够熟练对数组数据元素进行访问（输入与输出）和处理（统计、查找、排序等）。

（3）能够掌握一些有关数组的编程技巧。

（4）培养数据处理的逻辑思维能力。

源代码展示

```
#include <stdio.h>
#include <string.h>
#define N 5
void main()
{
  float city_t[N][12],yt[N],s,t;
  char city[N][8],n[8];
  int i,j,k;
  for(i=0;i<N;i++)
  {
    printf("\n 请输入第%d 个城市名:",i+1);
    scanf("%s",city[i]);
    printf("\n 请输入该城市每个月的平均气温(℃):");
    for(j=0;j<12;j++)
        scanf("%f",&city_t[i][j]);
  }
  printf("\n 城市名   1 月   2 月   3 月   4 月   5 月   6 月   7 月   8 月   9 月   10 月   11 月   12 月\n");
  for(i=0;i<N;i++)
  {
    printf("%6s",city[i]);
    for(j=0;j<12;j++)
        printf("%6.1f ",city_t[i][j]);
    printf("\n");
  }
  for(i=0;i<N;i++)
  {
    s=0;
```

```
    for(j=0;j<12;j++)
      s=s+city_t[i][j];
    yt[i]=s/12;
    }
    printf("\n 编号　城市名　年平均气温(℃)\n");
  for(i=0;i<N;i++)
    printf("%4d%8s%12.1f\n",i+1,city[i],yt[i]);
  for(i=0;i<N-1;i++)
  {
    k=i;
    for(j=i+1;j<N;j++)
        if(yt[j]<yt[k])
          k=j;
        if(i!=k)
        {
          t=yt[i];
          strcpy(n,city[i]);
          yt[i]=yt[k];
          strcpy(city[i],city[k]);
          yt[k]=t;
          strcpy(city[k],n);
      }
  }
  printf("\n 升序　城市名　年平均气温(℃)\n");
  for(i=0;i<N;i++)
    printf("%4d%8s%12.1f\n",i+1,city[i],yt[i]);
}
```

运行结果

程序运行结果如图 6-1、图 6-2 所示。

程序分析

分析任务,采用二维数组 city_t 保存数据,用一维数组 yt 保存平均气温,用一维数组 city 存放城市名;在双重循环计算二维数组 city_t 中每行数据的平均值时,注意内循环求和清零;对一维数组 yt 中的数据进行升序排列时,采用的是选择法排序,在数据交换的同时,城市名也交换,用 strcpy 函数实现。

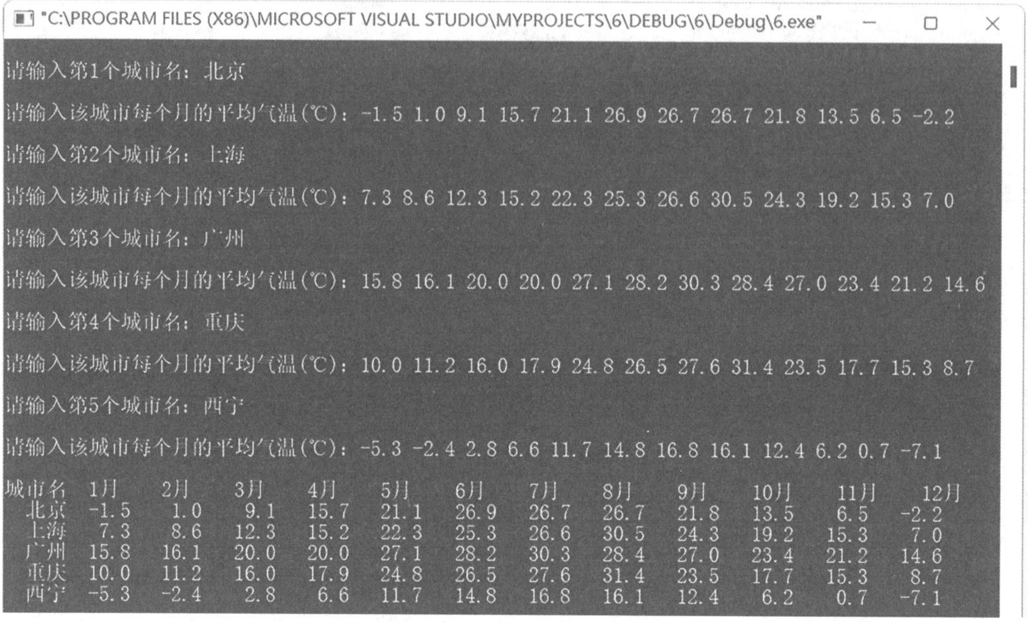

图 6-1 “城市平均气温的批量存储”程序运行结果

图 6-2 “城市平均气温的计算与排序”程序运行结果

知识讲解

前面我们讨论了 C 语言中的基本数据类型。处理、统计大批量数据是计算机应用中一个非常重要的方面，仅使用基本数据类型远远不能满足需求，C 语言还提供了数组、结构体和共同体 3 种构造类型，它们是由基本数据类型的数据按照一定的规则组成的，所以也称为“导出类型”。本模块只介绍数组，它是一种非常有用的数据类型。

6.1 一维数组

每个元素只带一个下标的数组,称为一维数组。一维数组中的各个数组元素是排成一行的一组下标变量,用一个统一的数组名来标识,用一个下标来指示其在数组中的位置,下标从0开始。通常借助数组下标的规律性变化,用一重循环处理一维数组的各个元素。

6.1.1 一维数组的定义

定义一维数组的语法格式如下。

```
类型名 数组名[常量表达式],……;
```

例如,int a[10];定义了一个数组a,元素个数为10,数组元素类型为整型。

需要说明如下几点。

(1) 数组名:按标识符规则。本例中a就是数组名。

(2) 常量表达式:常量表达式的值是正整数值,可以是一个普通常量、符号常量或常量表达式,但不能是变量,表示数组元素的个数,也称数组的长度。

整型常量表达式在说明数组元素个数的同时也确定了数组元素下标的范围,下标从0开始~整型常量表达式-1(注意不是1~整型常量表达式)。

C语言不检查数组下标越界,但是使用时,一般不能越界使用,否则结果难以预料。

本例数组a中有a[0],a[1],a[2],…,a[9]共10个整数。

不能有如下定义:

```
int a[n];//其中n是变量
```

一般定义为:

```
#define N 100
…
int a[N];
```

(3) 类型说明:是指数据元素的类型,可以是基本数据类型,也可以是构造数据类型。类型说明确定了每个数据占用的内存字节数。

本例中的数组元素是整型,每个元素占2字节,因为有10个数组元素,所以占用20字节。

(4) C编译程序为数组分配了一片连续的空间。每一个元素类型相同,各自相当于同类型的普通变量,依次占用连续空间的一部分。

(5) C 语言还规定,数组名是数组的首地址。

6.1.2 一维数组的初始化

数组可以在定义时初始化,给数组元素赋初值。

下面介绍数组初始化常见的几种形式。

(1) 对数组所有元素赋初值,此时数组定义中数组长度可以省略。例如:

```
int a[5] = {1,2,3,4,5};
```

或

```
int a[] = {1,2,3,4,5};
```

(2) 对数组部分元素赋初值,此时数组长度不能省略。例如:

```
int a[5] = {1,2};
a[0] = 1,a[1] = 2;
```

其余元素为编译系统指定的默认值 0。

(3) 对数组的所有元素赋初值 0。例如:

```
int a[5] = {0};
```

注意: 如果不进行初始化,如定义 int a[5];,那么数组元素的值是随机的,不要指望编译系统为你设置为默认值 0。

6.1.3 一维数组的引用

引用数组元素的格式如下。

```
数组名[下标表达式]
```

注意: 数组元素引用时,下标为整型的表达式,可以使用变量。

一般访问形式如下。

```
for(i=下标下界;i<下标上界;i++) {     a[i]     };
```

例如,求和的计算。

定义:int a[8],i,s=0;

输入:for(i=0;i<8;i++)

　　scanf("%d",&a[i]);

计算:for(i=0;i<8;i++)

　　s=s+a[i];

输出:for(i=0;i<8;i++)

　　printf("%d",a[i]);

需要说明如下几点。

(1) 引用数组元素时,下标可以是整型常数、已经赋值的整型变量或整型表达式。

(2) 数组元素本身可以看作同一个类型的单个变量,因此对变量可以进行的操作同样也适用于数组元素,也就是数组元素可以在任何相同类型变量可以使用的位置引用。

(3) 引用数组元素时,下标不能越界,否则结果难以预料。

【例 6-1】　为一维数组 x[10]的元素 x[0]~x[9]赋值为 0~9,然后逆序输出该数组。

程序代码如下。

```
#include <stdio.h>
void main()
{
  int i,x[10];
  for(i=0;i<=9;i++)
  x[i]=i;
  for(i=9;i>=0;i--)
  printf("%d ",x[i]);
  printf("\n");
}
```

程序运行结果如图 6-3 所示。

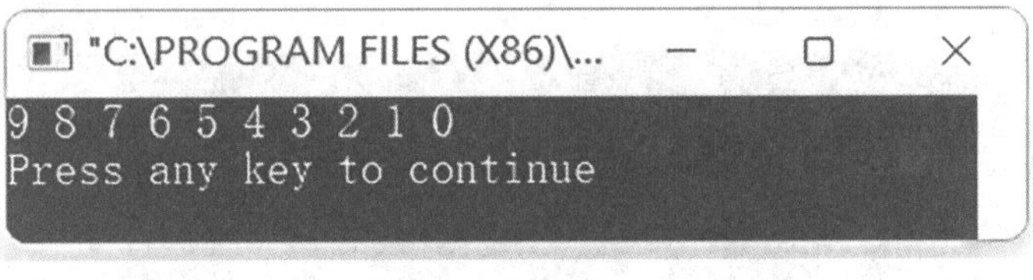

图 6-3　【例 6-1】程序运行结果

【例 6-2】　使用冒泡排序法对一组数进行升序排序。

冒泡排序法思路:将需要进行排序的数,相邻的两个数进行比较,如果满足次序要求,保持二者位置不变,否则交换位置。如果有 n 个数参加冒泡排序,则需要进行($n-1$)趟排序。

程序代码如下。

```
#include <stdio.h>
```

```
#define M 10
void main()
{
  int i,j,temp;
  int a[M]={5,7,1,9,4,3,6,10,2,8};
  printf("排序前:\n");
  for(i=0;i<M;i++)
    printf("%d ",a[i]);
  printf("\n");
  for(i=0;i<M;i++)
  {
    for(j=M-1;j>i;j--)
    if(a[j-1]>a[j])
    {
        temp=a[j-1];
        a[j-1]=a[j];
        a[j]=temp;
      }
    }
    printf("排序后:\n");
    for(i=0;i<M;i++)
    printf("%d ",a[i]);
    printf("\n");
}
```

程序运行结果如图 6-4 所示。

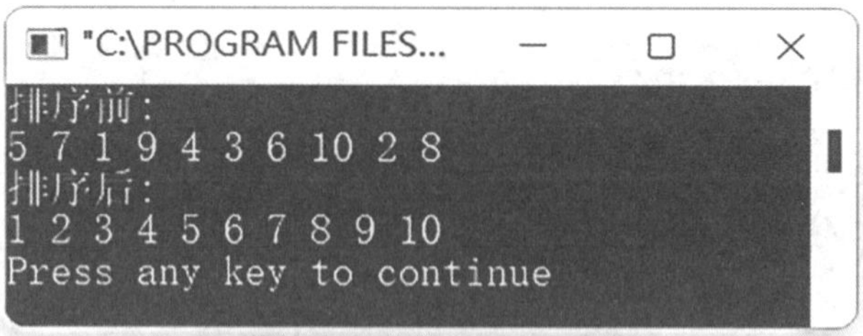

图 6-4 【例 6-2】程序运行结果

6.2 二维数组

二维数组是具有两个下标的数组,逻辑上可以把二维数组看成是一个具有行和列的二维表格或矩阵。二维数组也用统一的数组名来标识，第一个下标表示行，第二个下标表示列。下标都是从 0 开始。

6.2.1　二维数组的定义

定义二维数组的语法格式如下。

```
类型名 数组名[常量表达式 1][常量表达式 2],……;
```

例如，"int a[2][3];"。

需要说明如下几点。

(1) 二维数组中的每个数组元素都有两个下标，且必须分别放在单独的"[ ]"内。

(2) 二维数组定义中的第 1 个下标表示该数组具有的行数，第 2 个下标表示该数组具有的列数，两个下标之积是该数组具有的数组元素的个数。

(3) 二维数组中的每个数组元素的数据类型均相同。二维数组的存放规律是按行排列。

(4) 二维数组可以看作数组元素为一维数组的数组。

若有上面的定义，则 a 可以看成是 2 个长度为 3 的一维数组，这 2 个一维数组的名字分别为 a[0]、a[1]。其中一维数组 a[0] 的元素有 a[0][0]、a[0][1]、a[0][2]，一维数组 a[1] 的元素有 a[1][0]、a[1][1]、a[1][2]。二维数组的元素在内存中是先按行、后按列的次序排列的。

6.2.2　二维数组的初始化

二维数组初始化的几种常见形式如下。

(1) 所赋初值个数与数组元素的个数相同。例如：

```
int a[3][4]={{1,2,3,4},{5,6,7,8},{9,10,11,12}};
```

(2) 按数组排列的顺序对各元素赋初值，将所有数据写在一个花括号内。例如：

```
int a[3][4]={1,2,3,4,5,6,7,8,9,10,11,12};
```

(3) 给二维数组所有元素赋初值，二维数组第一维的长度可以省略。例如：

```
int a[][4]={1,2,3,4,5,6,7,8};
```

或

```
int a[][4]={{1,2,3,4},{5,6,7,8}};
```

(4) 对部分元素赋初值,其他元素补 0 或 '\0'。例如:

```
int a[2][4]={{1,2},{5}};
```

6.2.3 二维数组的引用

引用二维数组的语法格式如下。

```
数组名[下标表达式 1][下标表达式 2]
```

例如,“int a[3][4];”,则 a[0][2]、a[i][j]、a[i-k][j+k]都是合法的数组元素引用形式,只是每个下标表达式的值都必须是整数,且不得超过上界和下界。二维数组 a 第一个数组元素为 a[0][0],最后一个元素为 a [2][3]。

二维数组的操作一般由二重 for 循环(行循环、列循环)来完成。

【例 6-3】 输入 10 个 1~100 之间的整数,放入 2 行 5 列的二维数组,以矩阵的方式输出该二维数组,并输出该数组的最小值及其下标。

程序代码如下。

```
#include <stdio.h>
void main()
{
  int a[2][5];
  int i,j,row,col,min;
  printf("请输入十个整数:\n");
  for(i=0;i<2;i++)
  {
    for(j=0;j<5;j++)
    {
      scanf("%d",&a[i][j]);
    }
  }
  printf("该矩阵为:\n");
  for(i=0;i<2;i++)
  {
    for(j=0;j<5;j++)
    {
      printf("%6d",a[i][j]);
    }
    printf("\n");
  }
```

```
    row=col=0;
    min=a[0][0];
    for(i=0;i<2;i++)
      for(j=0;j<5;j++)
        if(min>a[i][j])
        {
          min=a[i][j];
          row=i;
          col=j;
        }
    printf("最小值为 a[%d][%d]=%d\n",row,col,min);
}
```

程序运行结果如图 6-5 所示。

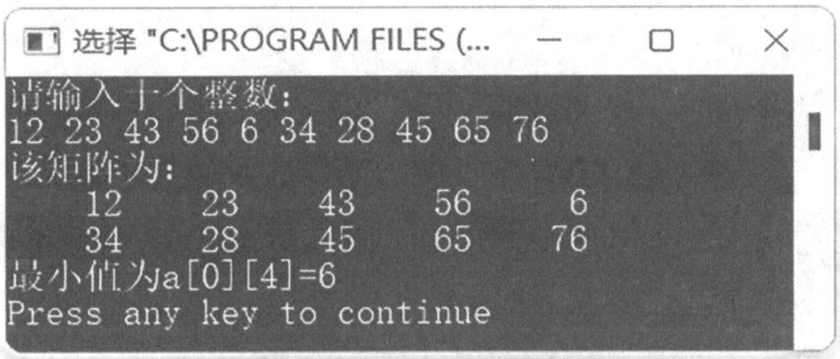

图 6-5　【例 6-3】程序运行结果

【例 6-4】　输入一个 3 行 2 列的矩阵，并将该矩阵和它的转置矩阵输出。

程序分析如下。

将一个矩阵的所有行元素和列元素进行互换得到转置矩阵，例如：原矩阵 a[3][2]进行转置后，得到转置矩阵 b[2][3]。

原矩阵:		转置矩阵:		
1	2	1	3	5
3	4	2	4	6
5	6			

程序代码如下。

```
#include <stdio.h>
void main()
{
  int a[3][5],b[5][3],i,j;
  printf("请输入 15 个整数:\n");
  for(i=0;i<3;i++)
```

```
    {
      for(j=0;j<5;j++)
    {
      scanf("%d",&a[i][j]);
    }
    }
    printf("原矩阵为:\n");
    for(i=0;i<3;i++)
    {
      for(j=0;j<5;j++)
      {
        printf("%6d",a[i][j]);
      }
      printf("\n");
    }
    printf("转置矩阵为:\n");
    for(i=0;i<5;i++)
      for(j=0;j<3;j++)
        b[i][j]=a[j][i];
    for(i=0;i<5;i++)
    {
      for(j=0;j<3;j++)
        printf("%6d",b[i][j]);
    printf("\n");
    }
}
```

程序运行结果如图 6-6 所示。

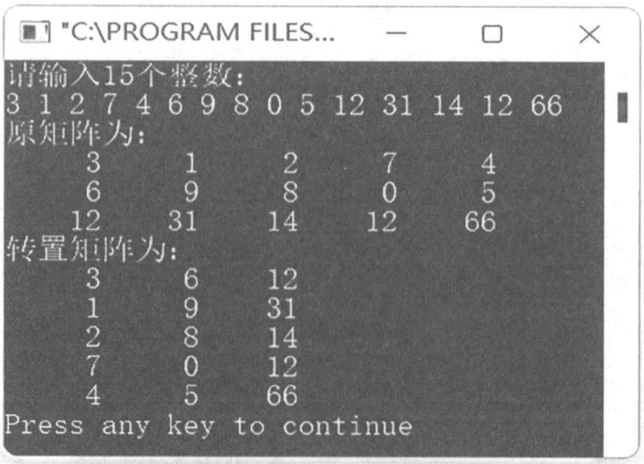

图 6-6 【例 6-4】程序运行结果

6.3 字符数组和字符串

字符数组是存放字符型数据的数组,其中每个数组元素存放的值都是单个字符。字符数组分为一维字符数组和多维字符数组,一维字符数组常常存放一个字符串,二维字符数组常用于存放多个字符串,可以看作一维字符串数组。

6.3.1 字符数组

1. 字符数组的定义

定义字符数组的语法格式如下。

```
char 数组名[常量表达式],…;
```

例如:

```
char c[10];                    /* 分配 10 个字符型的连续存储空间 */
```

2. 字符数组的初始化

与一般数组的初始化方法相同,可以逐个字符赋给数组中的各元素。例如:

```
char c[10]={'I',' ','a','m',' ','h','a','p','p','y'};
```

把 10 个字符分别赋给 c[0]到 c[9]。

如果[ ]中提供的字符个数大于数组长度,则按语法错误处理。如果字符个数小于数组长度,则只将这些字符赋给数组中前面那些元素,其余的元素自动定为空字符('\0')。例如:

```
char c[10]={'h','e','l','l','o' };   /* c[5]~c[9]均为空字符 */
```

如果提供的字符个数与预定的数组长度相同,在定义时可以省略数组长度,系统会自动根据字符的个数确定数组长度。例如:

```
char c[ ]={'I',' ','a','m',' ','h','a','p','p','y'};
```

等价于

```
char c[10]={'I',' ','a','m',' ','h','a','p','p','y'};
```

3. 字符数组的引用

字符数组的引用与一般数组相同,格式如下。

```
数组名[下标表达式]
```

下标表达式的值应为整型,保证下标不越界。

6.3.2 字符串

由于在 C 语言中字符串只有常量形式,没有变量形式,所以可以用字符数组来灵活处理字符串。因此,也有人将字符数组看作字符串变量。C 语言中许多字符串处理库函数既可以使用字符串,也可以使用字符数组。

字符串的约定如下。

(1) 字符数组加结束标志,这样的一维字符型数组可看成字符串变量。例如:

```
char c[10]={'h','e','l','l','o','\0'};
```

(2) 字符串常量,系统自动在末尾加 '\0'。

```
char c[10]={"happy"};   /*字符串末尾自动加 '\0'*/
```

也可以是下面的形式:

```
char c[10]="happy";
```

(3) 字符串常量的值是地址。

说明:

以字符串常量形式对字符数组初始化,系统会自动在该字符串的最后加入字符串结束标志;以字符常量形式对字符数组初始化,系统不会自动在最后加入字符串结束标志。

但若只有定义没有初始化,则不能用"="给字符数组赋值,可以调用 gets 函数输入字符串或调用 strcpy 函数将字符串赋值给字符数组,一定要注意 '\0' 是字符串的结束标志。

6.3.3 字符串的输入/输出

字符串的输入/输出可以逐个字符输入/输出,也可以字符串整体输入/输出。

1. 逐个字符输入/输出

逐个字符输入/输出采用"%c"格式符,引用时对单个元素进行操作。

【例 6-5】 字符串的输入/输出。

程序代码如下。

```
#include <stdio.h>
void main()
```

```
{
  char c[5]={'s','t','u','d','y'};
  int i;
  for(i=0;i<5;i++)
    printf("%c",c[i]);
    printf("\n");
}
```

程序运行结果如图 6-7 所示。

图 6-7 【例 6-5】程序运行结果

2. 整个字符串输入/输出

整个字符串输入/输出采用%s 格式符。

(1) 整个字符串输入。例如:

```
char str[10];
scanf("%s",str);
```

注意: 在 scanf 函数中使用“%s”格式符时,第二个参数是字符数组名,即不用加 &;输入字符串时,空格和回车符都作为数据的分隔符而不能被读入;进行输入时,系统会自动在最后加 '\0',使之成为字符串。若输入字符串的长度超过字符数组所能容纳的字符个数,系统并不报错。

(2) 整个字符串输出。例如:

```
char str[]="China";
printf("%s",str);
```

从地址 str 开始依次输出存储单元中的字符,直到遇到第一个 '\0' 为止。'\0' 是结束标志,不在输出字符之列。输出结束后不自动换行。

【例 6-6】 多个字符串的输入/输出。

程序代码如下。

```
#include <stdio.h>
void main()
{
  char a[20],b[5],c[5],d[5];
```

```
    printf("请输入一条含 4 个单词的英文句子:",a,b,c,d);
    scanf("%s%s%s%s",a,b,c,d);
    printf("%s\n%s\n%s\n%s\n",a,b,c,d);
    printf("请输入一条含 4 个单词的英文句子:",a,b,c,d);
    scanf("%s",a);
    printf("%s\n",a);
}
```

程序运行结果如图 6-8 所示。

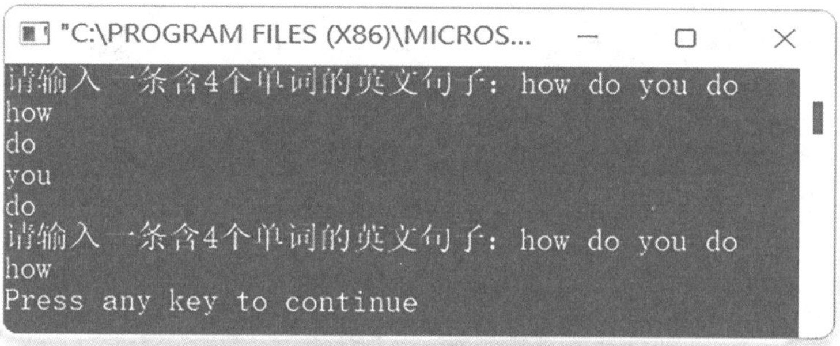

图 6-8 【例 6-6】程序运行结果

除了使用 scanf 函数和 printf 函数进行字符串的输入/输出外,系统还专门为字符串的输入/输出提供了两个函数,即 gets 函数和 puts 函数。

3. gets 函数

gets 函数用于从键盘输入字符(可包含空格),直到遇到换行符为止。其语法格式如下。

```
gets(str);
```

其中,str 可以是字符数组名或字符指针变量。

字符串输入后,系统自动将'\n'转换成'\0'置于串尾。例如:

```
char str[20];
gets(str);
```

4. puts 函数

puts 函数用于将字符串的内容显示在屏幕上。其语法格式如下。

```
puts (str);
```

其中,str 可以是字符串常量、字符数组名或字符指针变量。

输出时遇到第一个'\0'结束,并自动换行。例如:

```
char str[20];
puts(str);
```

【例 6-7】　用 gets 函数和 puts 函数实现字符串的输入/输出。

程序代码如下。

```
#include <stdio.h>
void main()
{
    char str[20];
    printf("Input a string:");
    gets(str);
    puts(str);
}
```

程序运行结果如图 6-9 所示。

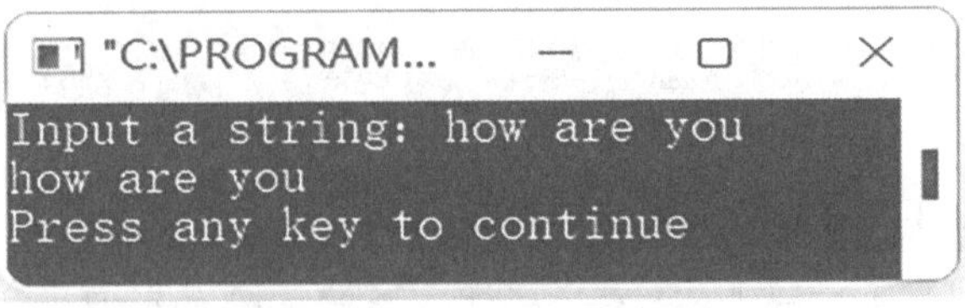

图 6-9　【例 6-7】程序运行结果

6.3.4　字符串处理函数

在 C 的函数库中提供了一些用来处理字符串的函数,使用方便,它们在头文件“string. h”中。下面介绍几种常用的函数。

1. 字符串长度函数

字符串长度函数 strlen 用于求字符串的长度(字符个数,不包括'\0'),函数返回整数值。其语法格式如下。

```
strlen(str);
```

其中,str 可以是字符串常量或字符数组名。

【例 6-8】　利用字符串长度函数 strlen 计算字符串的长度。

程序代码如下。

```
#include <stdio.h>
#include <string.h>
void main()
```

```
{
    char str[ ] = "We are students";
    printf("该字符串长度为:%d\n",strlen(str));
}
```

程序运行结果如图 6-10 所示。

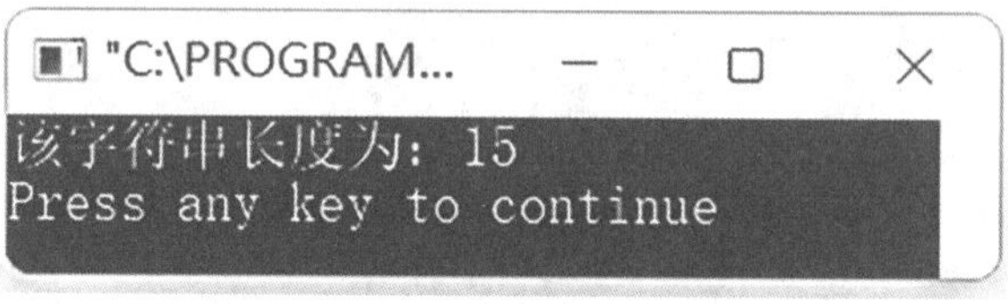

图 6-10 【例 6-8】程序运行结果

2. 字符串复制函数

字符串复制函数 strcpy 用于将 str2 所指字符串的内容复制到 str1 所指的存储空间中，函数返回 str1 的地址值。其语法格式如下。

```
strcpy(str1,str2);
```

其中，str1、str2 可以是字符串常量或字符数组名。

注意：字符串 str1 必须足够大，即不应小于字符串 str2 的长度。

【例 6-9】 利用字符串长度函数 strcpy 进行字符串复制操作。

程序代码如下。

```
#include <stdio.h>
#include <string.h>
void main()
{
    char str1[ ] = "we are ";
    char str2[ ] = "students";
    printf("复制后的字符串 str1 内容为:%s\n",strcpy(str1,str2));
}
```

程序运行结果如图 6-11 所示。

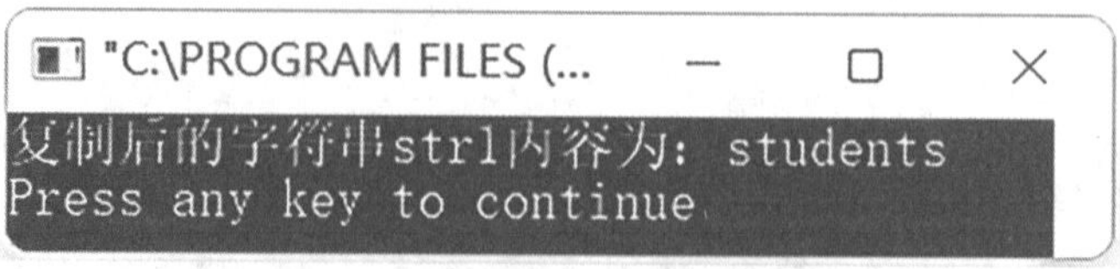

图 6-11 【例 6-9】程序运行结果

3. 字符串连接函数

字符串连接函数 strcat 用于将 str2 连接到 str1 的后面,自动覆盖 str1 末尾的'\0',函数返回 str1 的地址值。其语法格式如下。

```
strcat(str1,str2);
```

其中,str1、str2 可以是字符串常量或字符数组名。

注意: 字符串 str1 必须足够大,以便容纳连接后的新字符串。

【例 6-10】 利用字符串长度函数 strcat 进行字符串连接操作。

程序代码如下。

```
#include <stdio.h>
#include <string.h>
void main()
{
   char str1[]="we are ";
   char str2[]="students";
   printf("连接后的字符串 str1 内容为:%s\n",strcat(str1,str2));
}
```

程序运行结果如图 6-12 所示。

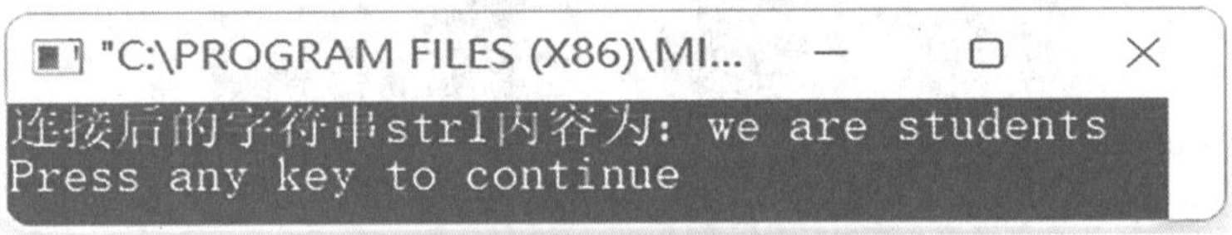

图 6-12 【例 6-10】程序运行结果

4. 字符串比较函数

字符串比较函数 strcmp 的语法格式如下。

```
strcmp(str1,str2);
```

其中,str1、str2 可以是字符串常量或字符数组名。

strcmp 函数用于比较两个字符串,将 str1 和 str2 从左至右逐个字符比较其 ASCII 码,直到出现不同的字符或遇到 '\0' 为止。若 str1>str2,函数返回正整数;若 str1=str2,函数返回 0;若 str1<str2,函数返回负整数。

【例 6-11】 利用字符串比较函数 strcmp 进行字符串比较操作。

程序代码如下。

```
#include <stdio.h>
```

```
#include <string.h>
void main()
{
    char s1[10],s2[10];
    int n;
    printf("请输入两个字符串:\n");
    scanf("%s%s",s1,s2);
    n=strcmp(s1,s2);
    if(n>0)
    printf("%s > %s\n",s1,s2);
    else if(n<0)
    printf("%s < %s\n",s1,s2);
    else
    printf("%s==%s\n",s1,s2);
}
```

程序运行结果如图 6-13 所示。

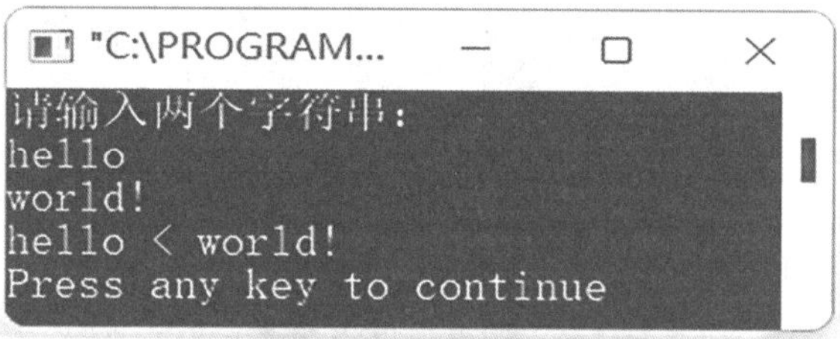

图 6-13 【例 6-11】程序运行结果

6.4 技能训练

数组是程序设计中非常重要的数据组织形式。数组的使用很有规律，一般和循环联合使用。一维数组操作通常由一重循环来实现，二维数组操作通常由二重循环来实现。本模块要求理解一维数组、二维数组和字符串的概念以及其在内存中的存储表示，掌握数组的下标变化规律，注重典型应用如统计、排序、查找、求最大最小值等编程思路，灵活运用数组管理数据或处理结果可以使问题很容易实现。

【例 6-12】 输入三个学生的姓名、平时成绩和期末成绩，计算出总成绩。最后，输入一个学生的姓名，查询出该生总成绩。

编程要点如下：

(1) 学生姓名和成绩都需要用数组表示。

(2) 总成绩计算方式为:30%×期中成绩+70%×期末成绩。

(3) 想要查询某学生的成绩时,可以借助字符串比较函数,从而输出结果。

程序代码如下。

```
#include <stdio. h>
#include <string. h>
#define ROW 3
void main( )
{
  int i,j,s;
  int score[ROW][3];
  char name[ROW][10];
  char temp[10];
  for(i=0;i<ROW;i++)
  {
    printf("请输入一个学生的姓名:");
    scanf("%8s",name[i]);
    printf("请输入该学生的平时成绩和期末成绩:");
    scanf("%d %d",&score[i][0],&score[i][1]);
    score[i][2]=(int)(.3*(score[i][0])+.7*(score[i][1]));
  }
  s=i;
  printf("\n 学生姓名    平时成绩    期末成绩    总成绩\n",name[i]);
  for(i=0;i<s;i++)
  {
    printf("%s ",name[i]);
    for(j=0;j<3;j++)
  printf("%10d",score[i][j]);
  printf("\n");
  }
  printf("\n 请输入你要查询成绩的学生姓名:");
  scanf("%s",temp);
  for(i=0;i<s;i++)
  {
    if(strcmp(name[i],temp)==0)
    {
      printf("学生姓名:%s    总成绩:%d\n",name[i],score[i][2]);
      break;
    }
```

```
    }
    if(i==s)
    printf("错误！未找到该学生成绩信息！\n");
}
```

程序运行结果如图 6-14 所示。

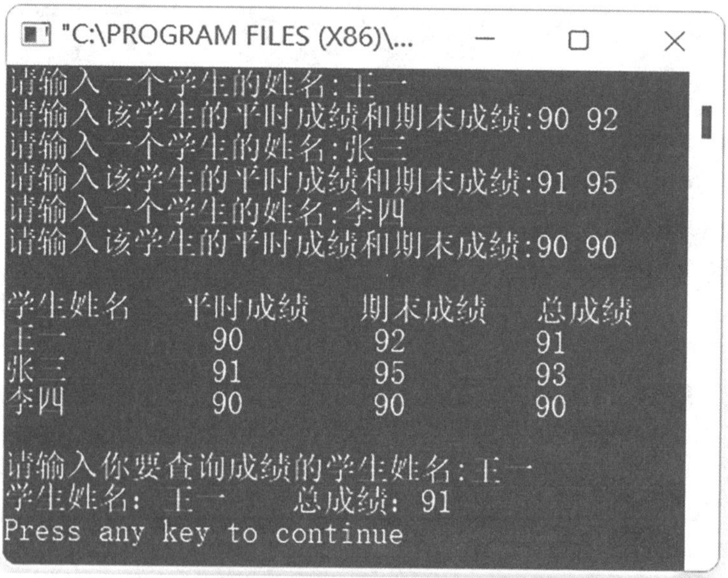

图 6-14 【例 6-12】程序运行结果

等级考试重难点与真题解析

本模块主要考查数组的基础知识和字符串的应用，包括一维数组的应用、二维数组的应用、字符数组和字符串的应用等。

一、重难点解析

1．一维数组

1）一维数组的定义

```
类型说明符 数组名[常量表达式];
```

需要注意如下几点。

（1）常量表达式的值是正整数值，可以是一个普通常量、符号常量或常量表达式，但不能是变量，表示数组元素的个数，也称数组的长度。

（2）每一个元素类型相同，各自相当于同类型的普通变量，依次占用连续空间的一部分。

2）一维数组元素的引用

一维数组元素的引用方法为下标法。例如，“int a[4];”表示数组 a 有 4 个元素：a[0]、a[1]、a[2]、a[3]。注意，第一个元素的下标是 0，最后一个元素的下标是 3。

通常借助数组下标的规律性变化，用一重循环处理一维数组的各个元素。

2. 二维数组

1）二维数组的定义

```
类型说明符 数组名[常量表达式][常量表达式];
```

例如：

```
int a[2][3];
```

可以把二维数组看作一种特殊的一维数组，它的元素又是一维数组。那么数组 a 可以看成是 2 个长度为 3 的一维数组，这 2 个一维数组的名字分别为 a[0]、a[1]。其中一维数组 a[0]的元素有 a[0][0]、a[0][1]、a[0][2]，一维数组 a[1]的元素有 a[1][0]、a[1][1]、a[1][2]。在 C 语言中，二维数组中元素的排列顺序是：先按行存放，再按列存放，即在内存中先顺序存放第一行的元素，再存放第二行的元素。

2）二维数组的初始化与引用

（1）分行或在一个花括号内给所有元素赋值。例如：

```
int x[2][3] = {{1,2,3},{4,5,6}};
```

等价于

```
int x[2][3] = {1,2,3,4,5,6};
```

另外，定义数组时对第一维的长度可以不指定，但第二维的长度不能省略。例如：

```
int x[ ][3] = {{1,2,3},{4,5,6}};
```

（2）对数组部分元素赋值。例如：

```
int x[2][3] = {{1},{4,5}};
```

结果为：x[0][0]值为 1，x[1][0]值为 4，x[1][1]值为 5，其余元素值均为 0。

引用二维数组时，一般使用二重循环依次访问数组元素。下标可以是一个表达式，但不能是变量,也不能越界。

3. 字符串与字符数组

C语言中字符串只有常量形式,没有变量形式,所以可以用字符数组来灵活处理字符串。字符串可以存放在字符数组中,但字符数组中存放的未必是字符串。例如:

```
char str1[ ] = {'a','b','\0'};
char str2[ ] = {'B','y','e'};
char str3[ ] = "do";
```

字符数组 str1、str2、str3 的大小均为 3,但 str1、str3 中存放的是字符串,str2 中存放的不是字符串。注意 str3 的定义,在定义的同时可以用"="将字符串赋值给字符数组,而要想在定义之后再给字符数组赋值字符串,除了使用字符串输入函数外,还可以借助 strcpy 函数将字符串赋值给字符数组,千万不能用"="赋值。

一定要注意 '\0' 是字符串的结束标志。

二、 真题解析

1. 以下语句的输出结果是(　　)。[2017 年 9 月]

```
printf("%d\n",strlen("\t\"\065\xff\n"));
```

A. 5　　B. 14　　C. 8　　D. 输出项不合法,无正常输出

解析 "\t"代表一个水平制表,"\""输出一个双引号,"\065"代表八进制数 65 的字符,"\xff"代表十六进制的字符,"\n"换行符,共 5 个字符,所以答案为 A。

2. 设有

```
static char str[ ] = "Beijing";
```

则执行

```
printf("%d\n",strlen(strcpy(str,"China")));
```

后的输出结果是(　　)。[2017 年 9 月]

A. 5　　B. 7　　C. 12　　D. 14

解析 strcpy(str,"China") 将"China"复制给 str,所以字符串长度为 5,答案为 A。

3. 以下程序段的输出结果是(　　)。[2017 年 9 月]

```
#include <stdio.h>
main()
{
```

```
    char s1[10],s2[10],s3[10],s4[10];
    scanf("%s%s",s1,s2);
    gets(s3);
    gets(s4);
    puts(s1);
    puts(s2);
    puts(s3);
    puts(s4);
}
```

输入数据如下(此处<CR>代表回车符)。

```
aaaa  bbbb<CR>
cccc  dddd<CR>
```

A. aaaa
bbbb
cccc
cccc

B. aaaa
bbbb
cccc dddd

C. aaaa
bbbb
dddd
dddd

D. aaaa bbbb
cccc
dddd

解析 在 scanf 函数中使用"%s"格式符时,输入字符串的空格和回车符都作为数据的结束符,而 gets 函数接收从键盘输入字符(可包含空格),直到遇到换行符为止。所以根据输入的数据形式,s1 接收的是"aaaa",s2 接收的是"bbbb",s3 接收的是"cccc ddd",s4 无数据。所以答案为 B。

4. 下面的程序中(　　)错误(每行程序前面的数字是行号)。[2017 年 4 月]

```
1  #include <stdio.h>
2  main()
3  {
4     float a[3]={0,0};
5     int i;
6     for(i=0;i<3;i++)   scanf("%d",&a[i]);
7     for(i=1;i<3;i++)   a[0]=a[0]+a[i];
8     printf("%f\n",a[0]);
9  }
```

A. 没有　　B. 第 4 行　　C. 第 6 行　　D. 第 8 行

解析 第 6 行有错,因为 a 数组定义为实型,所以 scanf 中格式说明符应该为"%f",答案为 C。

5. 以下程序段(字符串内没有空格)的输出结果是(　　)。[2016 年 4 月]

```
printf("%d\n",strlen("ATS\n012\1\\"));
```

A. 11　　B. 10　　C. 9　　D. 8

解析 程序段是输出字符串的长度，字符串中"\n"代表一个字符，"\1"代表一个字符，"\\"代表一个字符，所以答案为 C。

6. 不能把字符串"Hello!"赋给数组 b 的语句是(　　)。[2015 年 9 月]

A. char b[10]={'H','e','l','l','o','!'};

B. char b[10];b="Hello!";

C. char b[10];strcpy(b,"Hello!");

D. char b[10]="Hello!";

解析 字符数组的值允许在定义时赋值，如 A 和 D，但若只有定义没有初始化，则不能用"="给字符数组赋值，可以调用 gets 函数输入字符串或调用 strcpy 函数将字符串赋值给字符数组，所以答案为 B。

7. 若有以下说明：

```
int a[12]={1,2,3,4,5,6,7,8,9,10,11,12};
char c='a',d,g;
```

则数值为 4 的表达式是(　　)。[2015 年 9 月]

A. a[g-c]　　B. a[4]　　C. a['d'-'c']　　D. a['d'-c]

解析 g 没有值，故 A 错误，a[4]=5，B 错误，a['d'-'c']=a[1]=2，C 错误，a['d'-c]=a[3]=4，所以答案为 D。

8. 若给出以下定义：

```
char x[ ]="abcdefg";
char y[ ]={'a','b','c','d','e','f','g'};
```

则正确的叙述为(　　)。[2015 年 9 月]

A. 数组 x 和数组 y 等价　　B. 数组 x 和数组 y 的长度相同

C. 数组 x 的长度大于数组 y 的长度　　D. 数组 x 的长度小于数组 y 的长度

解析 数组 x 赋值的是字符串，所以数组的大小比字符串的长度大 1，串尾系统自动加'\0'，所以答案为 C。

9. 以下程序的输出结果是(　　)。[2015 年 9 月]

```
main()
{
  int i,k,a[10],p[3]:
  K=5;
  for (i=0;i<10;i++)   a[i]=i;
  for (i=0;i<3;i++)   p[i]=a[i*(i+1)];
  for (i=0;i<3;i++)   k+=p[i]*2;
  printf("%d\n",k);
  }
```

A. 20　　B. 21　　C. 22　　D. 23

解析 执行第一个 for 循环,使 a[0]到 a[9]分别赋值 0 到 9;执行第二个 for 循环,使 p[0]=a[0]=0,p[1]=a[2]=2,p[2]=a[6]=6;执行第三个 for 循环,累计 k+=p[i]*2,结果为 21,所以答案为 B。

10. 下列描述中不正确的是(　　)。[2013 年 9 月]

A. 字符型数组中可以存放字符串

B. 可以对字符型数组进行整体输入、输出

C. 可以对整型数组进行整体输入、输出

D. 不能在赋值语句中通过赋值运算符“=”对字符型数组进行整体赋值

解析 因为整型数组的输入和输出必须借助循环一个个处理,所以答案为 C。

思考与练习

一、选择题

1. 二维数组 int a[3][6]共包含(　　)个元素,它的首地址用(　　)表示。

A. 10 a[0][0]　　B. 10 a[1][1]　　C. 18 a[0][0]　　D. 18 a[1][1]

2. 若有定义 double s[5],则对数组元素引用正确的是(　　)。

A. s[5]　　B. s(4)　　C. s[3]　　D. s[6]

3. 字符串"Cprogram01"在内存中占(　　)个字节,字符串长度为(　　)。

A. 9　8　　B. 10　9　　C. 10　10　　D. 11　10

4. 以下选项中,不正确的字符串赋值或赋初值方式是(　　)。

A. char s[6]; s="study";

B. char s[6]={'s', 't', 'u', 'd', 'y'};

C. char s[ ]={'s', 't', 'u', 'd', 'y', '\0'};

D. char s1[ ]="study", s2[ ]="better";

5. 下列有关数组的叙述中,错误的是(　　)。

A. 在引用数组元素时,其数组下标的数据类型允许是整型表达式

B. 在对二维数组进行初始化时,其列下标可以省略

C. 必须先定义数组,然后才能使用下标变量

D. 可以使用一维数组的形式访问二维数组

6. 以下程序的运行结果是(　　)。

```
#include <stdio.h>
#define N 2
void main()
{
   int i,j;
   char a[ ][N]={{'a','b'},{'c','d'},{'e','f'},{'g','h'}};
   for(i=1;i<=3;i++)
   {
```

```
        for(j=0;j<=1;j++)
        printf("%c",a[i][j]);
        printf("\n");
        break;
    }
}
```

A. ab　　B. cd　　C. ef　　D. gh

7. 以下程序的运行结果是(　　)。

```
#include <stdio.h>
void main()
{
  int i,a[]={1,2,3,4,5};
  for(i=1;i<=3;i++)
  {
    a[i]=a[i-1]*2+2;
    printf("%d",a[i]);
  }
  printf("\n");
}
```

A. 246　　B. 468　　C. 2614　　D. 41022

8. 以下程序的运行结果是(　　)。

```
#include <stdio.h>
void main()
{
  char s[4][7]={"one","two","three","four"};
  printf("%s ",s[1]);
  printf("%d\n",sizeof(s[2]));
}
```

A. one 6　　B. one 7　　C. two 6　　D. two 7

二、编程题

1. 编写程序,使用冒泡排序法对一组数进行降序排序。

2. 编写程序,输出如下符合条件的数组元素:该元素在一个二维数组中,且该元素在该行最大,但是在该列最小。

3. 编写程序,输入一个整数 x 和一个字符串,将字符串循环左移 x 个字符。
4. 编写程序,要求不使用 strcat 函数,实现两个字符串的连接。
5. 编写程序,判断输入的字符串是否左右对称,并输出判断结果。

模块 7 应用函数程序设计

案例引入——校园十大歌手比赛成绩管理的模块化设计

任务描述

假设某校园十大歌手比赛成绩表如表 7-1 所示。

表 7-1　校园十大歌手比赛成绩表

编号	姓名	评委 1	评委 2	评委 3	评委 4	评委 5
1	张伟	86	89	90	91	87
2	张敏	87	84	88	83	87
3	王芳	90	90	94	87	88
4	李娜	96	94	95	92	94
5	张绣	94	91	92	89	89
6	刘勇	89	84	89	88	90
7	李静	84	89	88	85	89
8	陈丽	78	72	80	83	84
9	李强	77	80	83	81	79
10	刘洋	90	85	86	82	89

（1）编写函数 fn1，对 n 位参赛选手，通过键盘输入建立所有评委的打分成绩。

（2）编写函数 fn2，对 n 位参赛选手，计算每位选手去掉评委最高分和最低分后的总分成绩。

（3）编写函数 fn3，对 n 位参赛选手，根据（2）中的总分成绩降序排列。

（4）编写函数 fn4，输出 n 位参赛选手成绩排序。

（5）编写主函数，设计友好的界面。通过键盘输入用户的选择，用户输入 1 时调用 fn1 输入 n 位参赛选手各个评委的打分成绩；输入 2 时调用 fn2 统计每位参赛选手的总分成绩；输入 3 时调用 fn3，按参赛选手总分排序，并调用 fn4 输出成绩排序后的结果；输入 4 时返回。

另外，可以根据自己对问题需求的分析设计实用程序，如模块 1 中的案例，补充 mainMenu(){}，增加系统的功能模块。

任务目标

（1）能够熟练掌握函数的基本概念和基本应用方法。

（2）能够根据程序需要进行函数的定义和调用。

（3）能够合理使用参数的设计。

（4）能够明确函数调用时的数据传递。

（5）能够对实际问题进行模块化程序设计。

源代码展示

```
#include <stdio.h>
#include <conio.h>
#include <string.h>
#include <stdlib.h>
#define M 10
#define N 5
void fn1(float a[][N],char m[][8])
{
  int i,j;
printf("\n\t 成绩的录入:\n");
  for(i=0;i<M;i++)
  {
    printf("\t 请输入第%d 位参赛选手姓名:",i+1);
    scanf("%s",m[i]);
    printf("\t 请输入%s %d 位评委的打分成绩:",m[i],N);
  for(j=0;j<N;j++)
        scanf("%f",&a[i][j]);
  }
  printf("\t 录入完成!");
  getch();
  }
  void fn2(float a[][N],float s[])
  {
```

```
    int i,j;
    float max,min,sum;
    for(i=0;i<M;i++)
    {
        sum=0.0;
    max=a[i][0];
    min=a[i][0];
    for(j=0;j<N;j++)
      {
      if(max<a[i][j])
        max=a[i][j];
      if(min>a[i][j])
        min=a[i][j];
      sum=sum+a[i][j];
      }
      s[i]=sum-max-min;
    }
    printf("\t 统计完成!");
    getch();
  }
  void fn3(float s[],char m[][8])
  {
    int i,j,k;
  float t;
    char z[8];
    for(i=0;i<M-1;i++)
    {
      k=i;
    for(j=i+1;j<M;j++)
          if(s[j]>s[k]) k=j;
    if(i!=k)
    {
    t=s[i]; s[i]=s[k]; s[k]=t;
          strcpy(z,m[i]); strcpy(m[i],m[k]); strcpy(m[k],z);
      }
  }
  printf("\t 排序完成!");
  getch();
}
```

```
void fn4( char m[ ][8],float s[ ])
{
    int i;
    printf("\n\n\t\t\t* * * * * * * * * * * * * * * *\n");
    printf("\t\t\t 排名          姓名          总分\n\n");
    for(i=0;i<M;i++)
    printf("\t\t\t%2d%16s%12.1f\n",i+1,m[i],s[i]);
    printf("\t\t\t* * * * * * * * * * * * * * * *\n");
    getch();
}
void main()
{
    float score[M][N],sum[M];
    int k;
    char name[M][8];
    while(1)
    {
        system("cls");
        printf("\t\t\t------欢迎使用比赛成绩管理程序------\n");
    printf("\t\t\t\t1. 比赛成绩的录入\n");
        printf("\t\t\t\t2. 比赛成绩的统计\n");
        printf("\t\t\t\t3. 比赛成绩的排序\n");
        printf("\t\t\t\t4. 退出\n");
        printf("\n\t\t\t 请输入您的选择(1-4):");
        scanf("%d",&k);
        switch(k)
        {
        case 1:fn1(score,name);break;
            case 2:fn2(score,sum);break;
                case 3:fn3(sum,name);fn4(name,sum);break;
                    case 4:printf("\n\t\t\t\t 感谢使用!");return;
        }
    }
  getch();
}
```

运行结果

程序运行结果如图 7-1、图 7-2 所示。

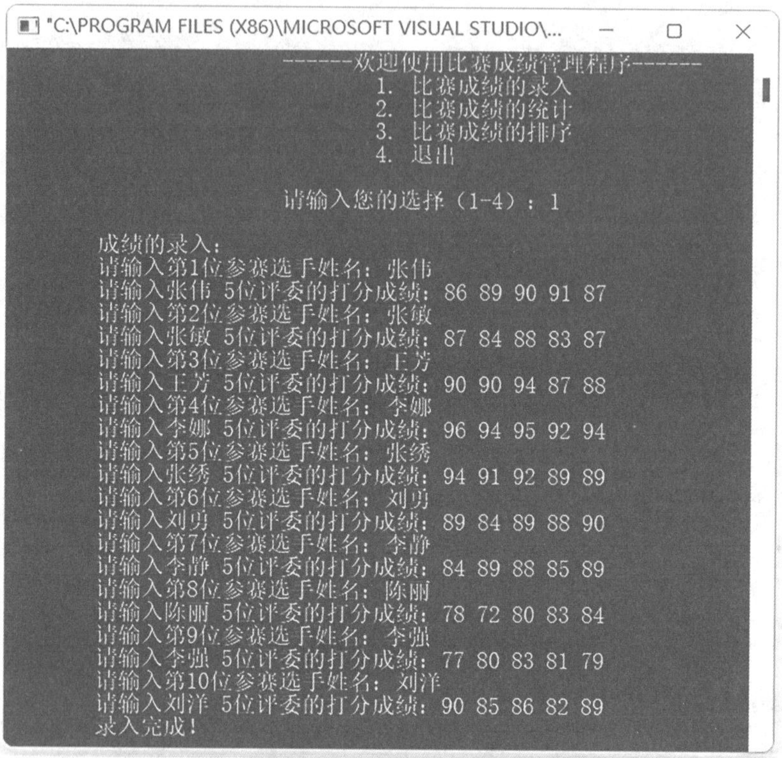

图 7-1 “比赛成绩管理的模块化设计”中“比赛成绩的录入”运行结果

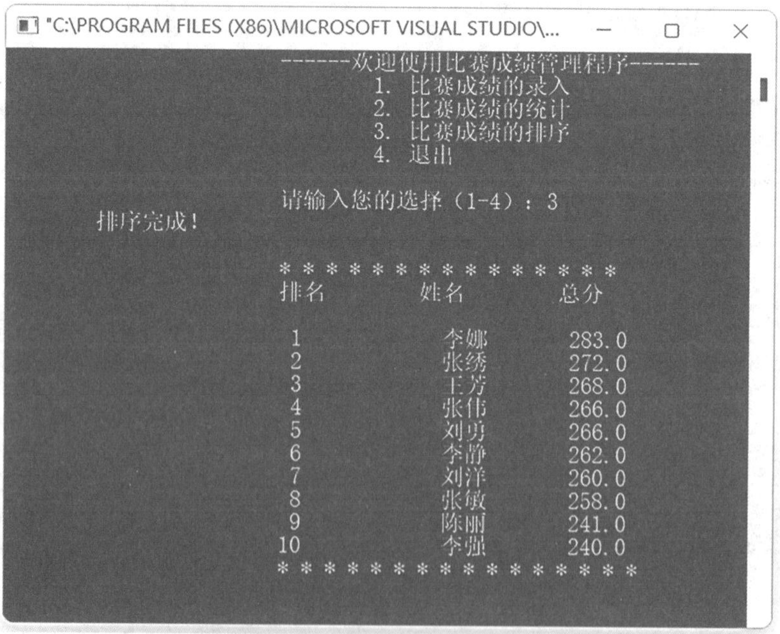

图 7-2 “比赛成绩管理的模块化设计”中“比赛成绩的排序”运行结果

程序分析

本程序由 4 个函数组成。函数 fn1 用来输入数据,学生的成绩和姓名借助两个二维数组参数传递,函数返回值类型为 void;函数 fn2 实现求每位学生所有课程的总分,总分借助一维数组参数传递;函数 fn3 实现按照总分排序,排序过程中数据交换的同时,姓名也交换;函数 fn4 用来输出排序后的结果。main 函数中定义一个 while 循环语句,条件总是 1,但在循环体中一旦选择 4 就跳出循环,否则执行某种操作后,系统继续显示提示菜单,供用户选择操作。

在程序设计时,除了编写能够处理用户需求的程序外,还要编写友好的界面,让使用者一目了然。

知识讲解

前面模块介绍的所有程序都是由一个主函数 main( )组成的,程序的所有操作都是在主函数中完成的。事实上,一个实用的 C 程序总是由一个 main( )函数和若干其他函数组成的。函数中可以调用 C 语言提供的库函数,也可以调用由用户自己或他人编写的函数。库函数由系统提供,编程者直接调用;用户自定义函数需要编程者自己编制。C 语言允许对函数单独进行编译,所以利用函数可以实现模块化程序设计。

7.1 函数的定义和返回值

C 语言虽然提供了丰富的库函数,但这些函数是面向所有用户的,不可能满足每个用户的各种特殊需要,因此大量的函数必须由用户自己编写。下面就介绍如何定义和调用用户自定义的函数。

7.1.1 函数的定义

函数定义的一般语法格式如下。

```
函数返回值类型 函数名(类型名 形参 1,类型名 形参 2,…)
{
  说明部分 ┐
           ├ 函数体
  语句部分 ┘
}
```

需要说明如下几点。

(1) 函数名和形参名都是用户命名的标识符。在同一个程序中,函数名必须唯一,形参只要在同一个函数中唯一即可。

（2）定义函数后，形式参数并没有具体的值，只有在被调用时才分配内存单元。在调用结束后，立刻释放所有分配的内存单元。因此，形参只在函数内部有效。函数可以没有形参，但括号不能省略。

（3）在 C 程序中，一个函数的位置任意，但函数的定义必须放在函数的外部，即不能在函数内定义函数，即无论是主函数还是子函数，其内部都不能再定义另一个函数，也就是不能嵌套定义。

（4）若函数的首部省略了函数返回值的类型定义，则默认函数返回值的类型为 int。

（5）函数返回值类型在函数名前声明，若无返回值，类型定义为 void（空的）。

（6）除了返回值为 int 类型的函数外，函数必须先定义后调用。

7.1.2 函数的返回值

除了空类型（void）外，所有函数的函数值都是通过返回语句（return）返回的。

返回语句有以下两种形式。

```
return 表达式; /* 或 return (表达式); */
return;
```

需要说明如下几点。

（1）表达式值的类型必须与函数定义类型一致。若不一致，则以函数值的类型为准，对 return 语句中的表达式自动进行类型转换。

（2）一个函数可以有多个 return 语句，一旦其中某一个被执行，则立即结束本函数的执行，返回主调函数，所以函数最多只能返回一个值。

（3）当函数内没有 return 语句时，函数没有返回值，函数类型应当说明为 void，则程序执行到函数末尾“}”处，返回主调函数。

【例 7-1】 用户自定义函数，求 $fac=1\times2\times3\times\cdots\times n$。

程序代码如下。

```
#include <stdio.h>
long fac(long n)
{
  long i,fac=1;
  for(i=1;i<=n;i++)
    fac=fac * i;
  return fac;
}
```

7.2 函数的调用

函数定义之后，就可以被主调函数调用了。主调函数可以是 main 函数，也可以是其他函数，甚至是它本身。通常 main 函数调用其他函数，但不能被其他函数调用。如果不考虑函数的功能和逻辑，则其他函数没有从属关系，可以相互调用。调用自定义函数的方式和调用系统函数的方式相同。

7.2.1 函数调用的一般形式

函数调用的语法格式如下。

```
函数名(实参表列)
```

实参的个数多于一个时，各实参之间用逗号隔开。实参的个数必须与所调函数中的形参相同，类型一一对应匹配。

1. 函数调用出现在表达式中

当所调用的函数用于求某个值时，函数的调用一般作为表达式出现在允许表达式出现的任何地方。

【例 7-2】 调用函数，求 x^n。

程序代码如下。

```
#include <stdio.h>
long p(int x,int n)      /* 定义,形参 x,n */
{
  int i;
  long a=1;
  for (i=1;i<=n;i++)
    a *=x;
  return a;
}
void main()
{
  long r;
  int x=4,y=3;
  r=p(x,y);     /* 调用,实参 x,y */
  printf("%d 的%d 次方是%ld\n",x,y,r);
}
```

程序运行结果如图 7-3 所示。

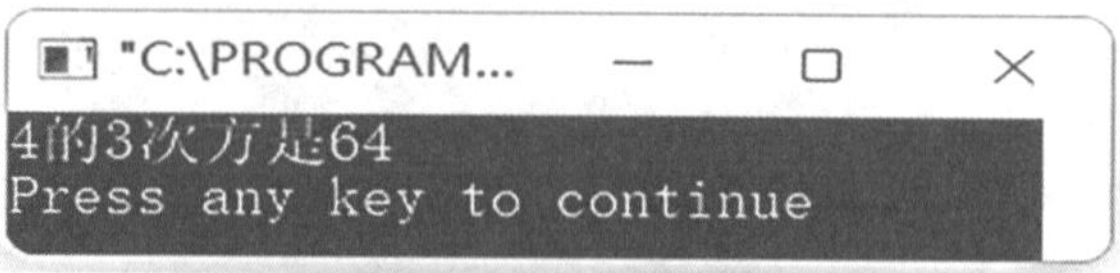

图 7-3 【例 7-2】程序运行结果

2. 函数调用作为独立语句

当某些函数仅进行某些操作而不返回函数值时,函数调用一般作为一条独立的语句。

【例 7-3】 无返回值函数的应用。

程序代码如下。

```
#include <stdio. h>
void printstar(int m)
{
  int i;
  for(i=1;i<=m;i++)
    printf(" * ");
    printf("\n");
}
void main()
{
  int i,h;
  printf("请输入打印的三角形的高:");
  scanf("%d", &h);
  for(i=1;i<=h;i++)
    printstar(i);
}
```

程序运行结果如图 7-4 所示。

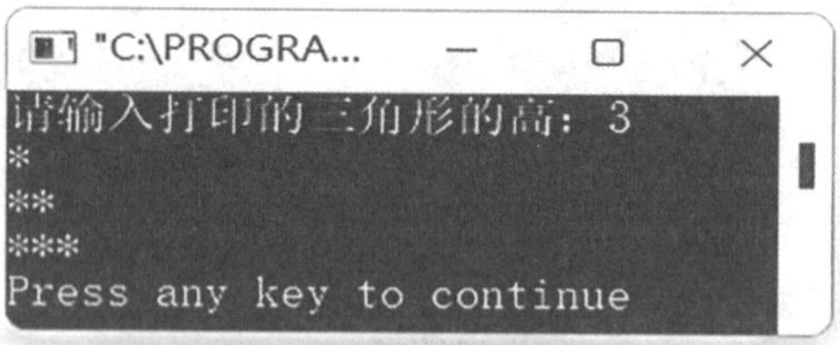

图 7-4 【例 7-3】程序运行结果

7.2.2 函数调用时的语法要求

函数调用时有以下语法要求。

(1) 调用函数时,函数名必须与所调用函数的名称完全一致。

(2) 实参的个数必须与形参的个数一致。实参可以是表达式,在类型上应按位置与形参一一对应匹配。如果类型不匹配,C 编译程序按赋值兼容的规则进行转换。

（3）函数必须遵循“先定义，后调用”的原则，但函数类型为 int 或 char 的函数除外。

【例 7-4】 调用函数，输出两个浮点数中的较小者。

程序代码如下。

```
#include <stdio. h>
double min( double x,double y)
{
   if( x<y)
      return x;
   else
      return y;
}
void main( )
{
   double m,n;
   printf( "请输入两个浮点数:" );
   scanf( "%lf,%lf" , &m,&n) ;
   printf( "较小的数是%lf\n" ,min( m,n)) ;
}
```

程序运行结果如图 7-5 所示。

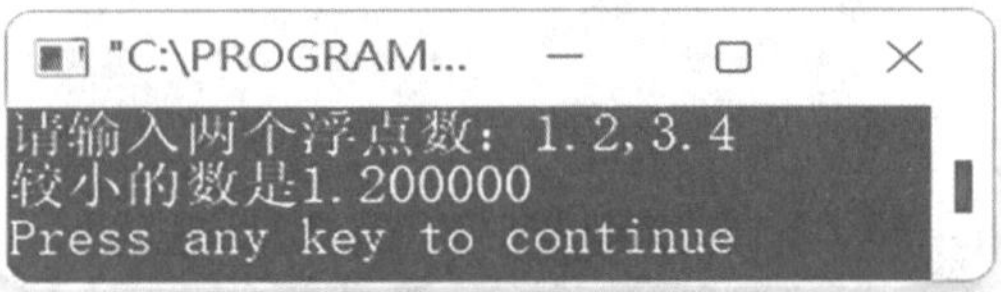

图 7-5　【例 7-4】程序运行结果

7.2.3　函数的声明

在 C 语言中，除了主函数外，对于用户定义函数遵循“先定义，后使用”的规则。凡是未在调用前定义的函数，C 编译程序都默认函数的类型为 int。对于返回值为其他类型的函数，若把函数的定义放在调用之后，则应该在调用之前对函数进行声明。

函数声明的一般格式如下。

```
函数类型 函数名(参数类型 1 参数名 1,参数类型 2 参数名 2,…);
```

例如：

```
double max( double a,double b) ;
```

也可以采用下面的形式。

```
函数类型 函数名(参数类型 1,参数类型 2,…);
```

例如：

```
double max(double,double);
```

C 语言的库函数就是位于其他模块的函数，为了正确调用，C 编译系统提供了相应的头文件。头文件内许多都是库函数的函数声明，当源程序要使用库函数时，就应当包含相应的头文件。

【例 7-5】 使用函数声明，通过定义函数求两数之和。

程序代码如下。

```
#include <stdio.h>
int add(int x,int y);       /*使用函数声明*/
void main()
{
  int a,b;
  printf("input a,b:");
  scanf("%d,%d",&a,&b);
  printf("sum=%d\n",add(a,b));      /*先调用,实参 a,b*/
}
int add(int x,int y)      /*后定义,形参 x,y*/
{
  return x+y;
}
```

程序运行结果如图 7-6 所示。

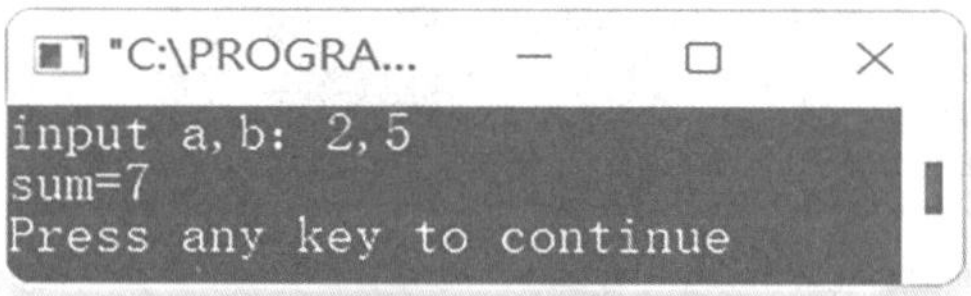

图 7-6 【例 7-5】程序运行结果

7.2.4 调用函数与被调用函数之间的数据传递

在 C 语言中，调用函数和被调用函数之间的数据传递可以通过以下 3 种方式进行。

(1) 在实参和形式参数之间进行数据传递。

(2) 通过 return 语句把函数值返回调用函数。

(3) 通过全局变量，但这不是一种好的方式，通常不提倡使用。

后两种传递方式比较好理解，下面重点介绍调用函数和被调函数之间通过实参将数据传递给形参实现数据传递。

参数具体的传递方式有以下 2 种。

(1) 值传递方式（传值）：是将实参单向传递给形参的一种方式。

(2) 地址传递方式（传址）：是将实参地址单向传递给形参的一种方式。

需要说明如下几点。

(1) 单向传递:不管是传值,还是传址,C 语言都是单向传递数据的,且一定是实参传递给形参。

(2) 传值、传址只是传递的数据类型不同。传址实际是传值方式的一个特例,本质还是传值,只是传递的是一个地址数据值。

(3) 系统分配给实参、形参的内存单元是不同的。对于传值,即使函数中修改了形参的值,也不会影响实参的值。对于传址,即使函数中修改了形参的值,也不会影响实参的值,但因为传递的是地址,所以就可能通过实参所指向的空间间接返回数值。

(4) 在两种参数传递方式中,实参可以是变量、常量、表达式;形参一般是变量,要求两者个数一致、类型匹配、赋值兼容。

(5) 形参在函数未调用时,并不占用内存中的存储单元,只有在函数调用时,函数中的形参才被分配内存单元。在调用结束后,形参所占的内存单元被释放。

【例 7-6】 阅读下面的程序,分析其运行结果。

程序代码如下。

```
#include <stdio. h>
void swap(int x,int y);
void main()
{
    int a=6,b=9;
    printf("交换前,实参为 a,b\na=%d\nb=%d\n",a,b);
    swap(a,b);
    printf("交换后,实参为 a,b\na=%d\nb=%d\n",a,b);
}
void swap(int x,int y)
{
    int temp;
    temp=x;
    x=y;
    y=temp;
    printf("交换中,形参为 x,y\nx=%d\ny=%d\n",x,y);
}
```

程序运行结果如图 7-7 所示。

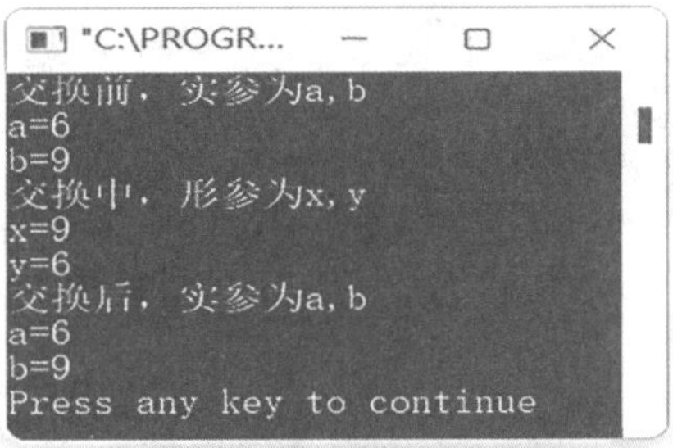

图 7-7 【例 7-6】程序运行结果

从运行结果可以看到，a 和 b 的值已传送到函数 swap 中，且对应形参为 x 和 y。在函数 swap 中，x 和 y 的值进行了交换，但形参值的变化并未影响对应实参的值，所以本例并不能实现两数交换的效果。若要实现数据交换，请关注模块 8 的“指针”相关内容。

7.2.5 数组作为参数

1．一维数组名作为参数

数组名也可以作为实参，但是因为数组名本身是一个地址值，所以用数组名作为参数时，实参与形参都应用数组名。

【例 7-7】 阅读下面的数组，分析一维数组名作为实参时数据的传递过程。

程序代码如下。

```
#include <stdio.h>
void average(double a[])       /* 还可以写作 double average(double a[6]) */
{
  int i;
  double ave,sum=0;
  for(i=0;i<6;i++)
    sum+=a[i];
  ave=sum/6;
  printf("6 名学生的平均成绩是:%lf 分\n",ave);
}
void main()
{
  int i;
  double ave,s[6];
  printf("请输入 6 名学生的成绩:\n");
  for(i=0;i<6;i++)
    scanf("%lf",&s[i]);
  average(s);     /* 调用函数 average,实参为数组名 s */
}
```

程序的运行结果如图 7-8 所示。

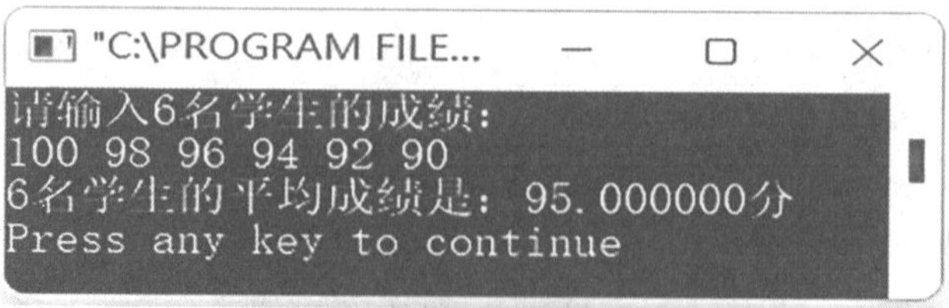

图 7-8 【例 7-7】程序运行结果

数组名就是数组的首地址，因此，在数组名作为函数参数时所进行的传送只是地址的传送,也就是说把实参数组的首地址赋予形参。形参取得该首地址之后,也就等于有了实在的数组。实际上是形参数组和实参数组为同一数组,共同拥有一段内存空间。

2. 多维数组名作为参数

用多维数组名作为实参和形参,在被调用函数中对形参数组定义时可以指定每一维的大小,也可以省略第一维的大小说明,但不能省略第二维及其他高维的大小说明。

【例 7-8】 二维数组名作为参数,输出二维数组最大值。

程序代码如下。

```
#include <stdio.h>
int max(int m[3][5])      /*还可以写作 void max(int s[ ][5])*/
{
  int a=0,b=0;
  int max=m[0][0];
  for(int i=0;i<3;i++)
    for(int j=0;j<5;j++)
      if(max<m[i][j])
      {
        max=m[i][j];
      }
  return max;
}
void main()
{
  int M;
  int s[3][5]={1,2,3,4,5,6,7,8,9,10,11,12,13,14,15};
  M=max(s);
  printf("数组最大值为%d\n",M);
}
```

程序运行结果如图 7-9 所示。

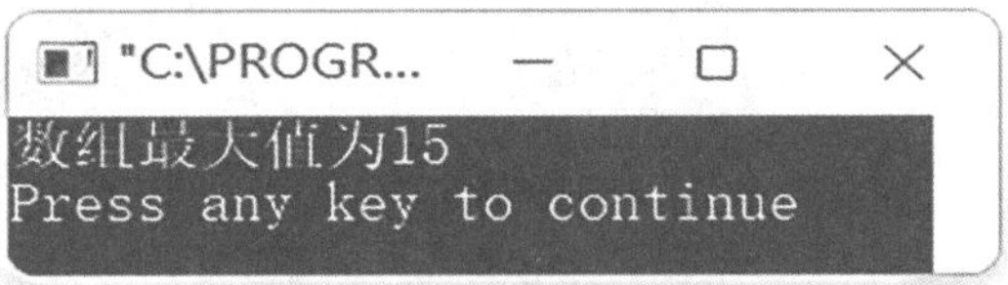

图 7-9 【例 7-8】程序运行结果

7.3 函数的嵌套调用和递归调用

函数允许嵌套调用和递归调用。递归调用是嵌套调用的特例。

7.3.1 函数的嵌套调用

函数的嵌套调用是指函数调用中又存在调用。例如,函数 1 调用函数 2,函数 2 又调用函数 3。函数之间没有从属关系,一个函数可以被其他函数调用,同时该函数也可以调用其他函数。

【例 7-9】 编写三个函数,求三个数中最大数和最小数的差值。

程序代码如下。

```
#include <stdio.h>
long Max(long x,long y,long z);
long Min(long x,long y,long z);
long Dif(long x,long y,long z)
{
  return Max(x,y,z)-Min(x,y,z);
}
long Max(long x,long y,long z)
{
  long r;
  r=x>y? x:y;
  return r>z? r:z;
}
long Min(long x,long y,long z)
{
  long r;
  r=x<y? x:y;
  return r<z? r:z;
}
void main()
{
  long a,b,c,d;
  printf("请输入三个整数:\n");
  scanf("%d%d%d",&a,&b,&c);
  d=Dif(a,b,c);
  printf("Max-Min=%d\n",d);
}
```

程序运行结果如图 7-10 所示。

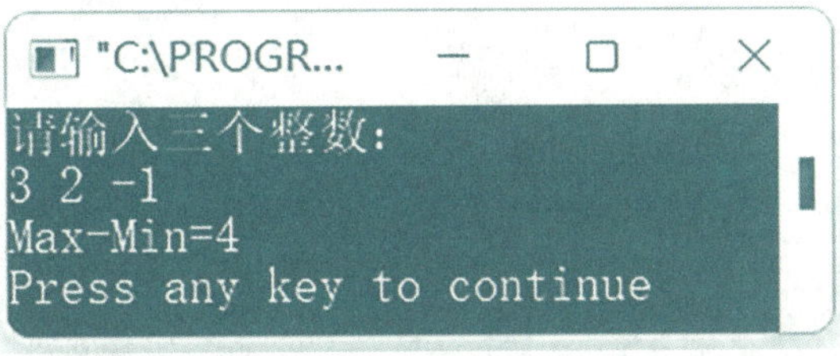

图 7-10　【例 7-9】程序运行结果

在程序中编写了三个子函数,用来实现求三个数最大值、最小值、差值的功能。首先调用 dif 求差值,在 dif 中又调用了 max 和 min 求最大值和最小值。

7.3.2　函数的递归调用

函数的递归调用是指函数直接调用或间接调用自己,或调用一个函数的过程中出现直接或间接调用该函数自身。前者称为直接递归调用,后者称为间接递归调用。

用递归调用解决问题的必要条件如下。

(1) 问题是递归的,解决方法是递归的,处理对象有规律地递增或递减。

(2) 问题可以递归解决。

(3) 递归有明确的结束条件。

递归函数的特点是:先被调用的后被执行完毕,后被调用的先被执行完毕,每次调用时给函数体内各变量重新分配空间,调用完毕返回到前一次调用的调用点,继续前一次调用函数的执行。

【例 7-10】　编写函数,求 Fibonacci 数列第 i 项的值。

Fibonacci 数列:1, 1, 2, 3, 5, 8, 13, 21,…,其数学表达式为

$$fibonacci(1)=1$$

$$fibonacci(2)=1$$

$$fibonacci(n)=fibonacci(n-1)+fibonacci(n-2)\quad (n>2)。$$

程序代码如下。

```
#include <stdio.h>
long fibo(int n);
void main()
{
  int n;
  long y;
  printf("Input a integer number: ");
  scanf("%d",&n);
  y=fibo(n);
  printf("fibonacci 数列第%d 项的值为: %ld\n",n,y);
}
```

```
long fibo(int n)
{
  if(n!=1 && n!=2)
    return fibo(n-1)+fibo(n-2);
  else
    return 1;
}
```

程序的运行结果如下。

```
Input a integer number: 6
fibonacci 数列第 6 项的值为: 8
```

7.4 局部变量和全局变量

从变量的作用域角度来分,变量可以分为局部变量和全局变量。

7.4.1 局部变量

局部变量是在一定范围内有效的变量,也称为内部变量。

C 语言中,在以下位置定义的变量属于局部变量。

(1) 在函数体内定义的变量,在本函数范围内有效,作用域仅限于函数体内。

(2) 有参函数的形式参数也是局部变量。只在其所在的函数范围内有效。

(3) 在复合语句内定义的变量,在本复合语句范围内有效,作用域仅限于复合语句内。

关于局部变量有以下几点说明。

(1) 在主函数 main 中定义的变量也只是在主函数中有效,并不因为在主函数中定义而在整个文件或程序中有效。主函数也不能使用其他函数中定义的变量。

(2) 不同函数中和不同的复合语句中可以定义(使用)同名变量。因为它们的作用域不同,程序运行时在内存中占据不同的存储单元,各自代表不同的对象,所以它们互不干预。

(3) 局部变量所在的函数被调用或执行时,系统临时给相应的局部变量分配存储单元,一旦函数执行结束,系统立即释放这些存储单元。各个函数中的局部变量起作用的时刻是不同的。

7.4.2 全局变量

全局变量是在函数之外(所有函数前、各个函数间、所有函数后)定义的变量,也称为外部变量。

全局变量的作用域是从定义全局变量的位置起到本源程序结束为止。

说明：全局变量可以和局部变量同名。若一个全局变量和某个函数中的局部变量同名，则全局变量将在该函数中被屏蔽，即在该函数内局部变量有效，全局变量不起作用。

【例 7-11】 全局变量与局部变量同名。

程序代码如下。

```
#include <stdio.h>
int a=1,b=2;      /*定义全局变量 a 和 b*/
void sub()
{
   int a=5,b=6;      /*定义局部变量 a 和 b*/
   printf("sub: a=%d, b=%d\n",a,b);
}
void main()
{
   int a=3,b=4;      /*定义局部变量 a 和 b*/
   printf("main: a=%d, b=%d\n",a,b);
   sub();
   printf("main: a=%d, b=%d\n",a,b);
}
```

程序执行结果如图 7-11 所示。

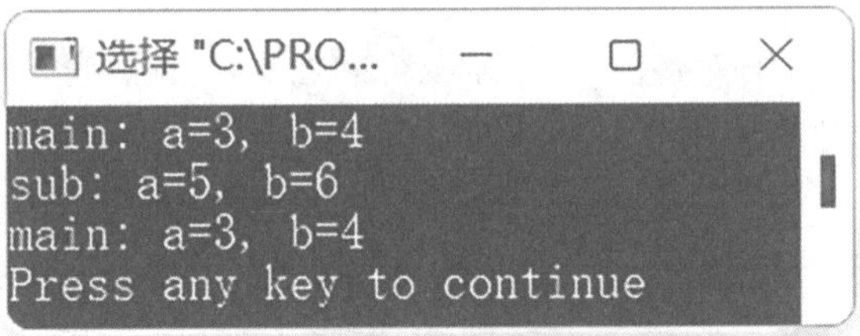

图 7-11　【例 7-11】程序运行结果

本程序中有两个全局变量 a 和 b，在 main 函数和 sub 函数中又分别定义了局部变量 a 和 b，并赋不同的值。在 main 函数和 sub 函数中，全局变量 a 和 b 被屏蔽，所以 sub 函数的输出结果为“sub: a=5, b=6”。在 main 函数中调用 sub 函数并未影响 main 函数中局部变量 a 和 b 值的变化，所以 main 函数的两条输出语句的结果均为“main: a=3, b=4”。

7.5 变量的存储类别

变量的存储类别指的是数据在内存中的存储方法。从变量值存在的时间(生存期)角度来分,可以分为静态存储方式和动态存储方式。所谓静态存储方式是指在程序运行期间分配固定的存储空间的方式,而动态存储方式则是在程序运行期间根据需要进行动态地分配存储空间的方式。变量的存储类别具体包括 4 种:auto 型(自动型)、register 型(寄存器型)、static 型(静态型)和 extern 型(外部型或全局型)。根据变量的存储类别,可以知道变量的作用域和生存期。

7.5.1 auto 变量

auto 变量定义的一般格式如下。

```
[auto] 数据类型变量名[=初值],…;
```

例如:

```
auto float a;
```

(1) auto 变量作用域。从定义位置起到函数体(或复合语句)结束为止。

(2) auto 变量生存期。由于自动变量属于自动类别,存储单元被分配在内存的动态区,所以进入函数体(或复合语句)时生成,退出函数体(或复合语句)时消失。

未赋初值的自动变量,其值不确定。每次进入函数体或复合语句,就赋一次指定的初值。

auto 变量的优点是:各函数互不干扰,标识符同名也互不影响。

【例 7-12】 auto 变量的使用。

程序代码如下。

```
#include <stdio.h>
void print();
void main()
{
  int i;
  for(i=0;i<4;i++)
  print();
}
void print()
{
```

```
    auto int a=1;       /*定义自动变量*/
    auto int b=1;
    printf("a=%d, b=%d\n",a,b);
    a--;b--;
}
```

程序运行结果如图 7-12 所示。

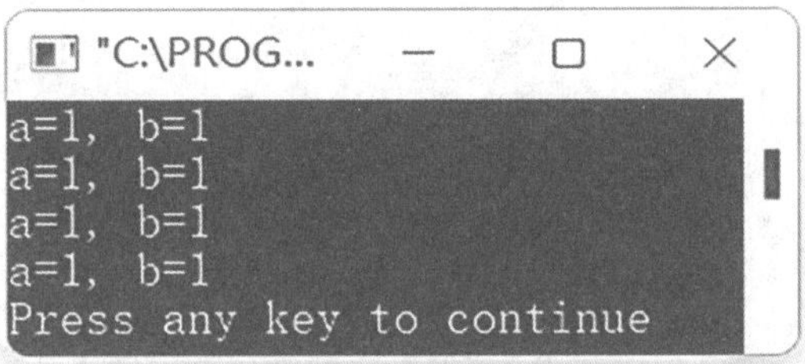

图 7-12　【例 7-12】程序运行结果

在主函数中 3 次调用 f 函数,每次调用时都为局部变量 a、b 和 c 分配内存单元,且 a 的值为实参传过来的 2,b 和 c 的值为 0 和 3。调用结束时,局部变量 a、b 和 c 占用的内存空间被释放,下一次调用时再重新分配。

7.5.2　register 变量

只有局部自动变量和形式参数可以作为 register 变量,其他(如全局变量)不可以。在调用一个函数时占用一些寄存器以存放寄存器变量的值,函数调用结束释放寄存器。

例如:

```
register int x;
```

(1) register 变量的作用域。从定义位置起,到函数体(或复合语句)结束为止。

(2) register 变量的生存期。进入函数体(或复合语句)时生成,退出函数体(或复合语句)时消失。

register 变量的优点是:程序运行时,访问存于寄存器内的值要比访问内存中的值快得多。因此当程序对速度有较高要求时,把那些频繁引用的少数变量指定为 register 变量,有助于提高程序的运行速度。

7.5.3　static 变量

有时希望函数中局部变量的值在函数调用结束后保留原值,以便下次调用时使用上一次调用后的结果,这时就应该指定该局部变量为 static 型变量。

static 型变量属于静态类别,存储单元被分配在内存的静态存储区。

（1）static 变量的作用域。从定义位置起，到函数体（或复合语句）结束为止。

（2）static 变量的生存期。程序运行期间永久性保存。

编译时为 static 型变量赋初值（只一次），未赋初值默认为 0，运行期间不再赋初值（保留上次运行时得到的值）。

static 型变量的优点是：函数调用之间保留局部变量值。

【例 7-13】 register 变量的使用。

程序代码如下。

```
#include <stdio.h>
void fac(int n)
{
  register int i,f=1;
  for(i=1;i<=n;i++)
  f=f*i;
  printf("%d!=%d\n",i-1,f);
}
void main()
{
  int i;
  for(i=0;i<=3;i++)
  fac(i);
}
```

程序运行结果如图 7-13 所示。

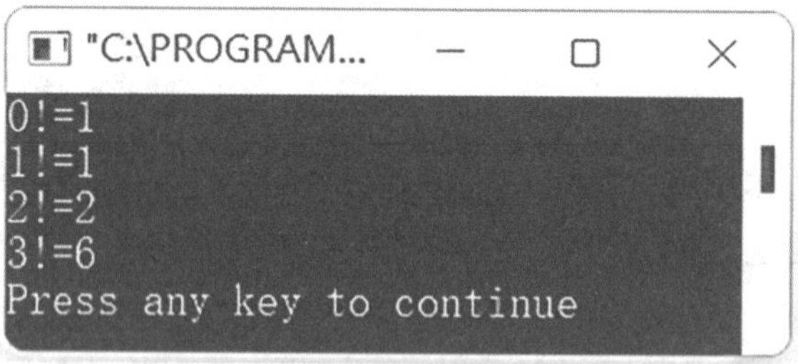

图 7-13 【例 7-13】程序运行结果

f 函数中变量 b 和 c 都是静态内存变量，在编译时系统为它们开辟存储空间，并赋初值 0 和 3。它们在整个程序执行期间都占用相同的内存空间，整个程序执行完毕后空间才释放。由于每次调用 f 函数后不释放静态变量，所以变量 a 和 b 中的值是前一次调用后的结果。

7.5.4 extern 变量

全局变量只有静态一种类别。对于全局变量可以使用 extern 和 static 两种说明符。定义格式如下。

```
[extern][static] 数据类型 变量名表;
```

没有特别指明存储类别的全局变量,默认为 extern 型。

1. 全局变量的作用域

我们知道,在函数外部定义的变量为全局变量。全局变量的作用域是从定义变量的位置开始到本程序文件的结束。

使用全局变量可以增加各个函数之间的数据传输渠道。由于函数的调用只能带回一个返回值,因此有时利用全局变量增加与函数联系的渠道,从函数得到一个以上的返回值。

【例 7-14】 将例 7-12 代码进行改动,分析 static 变量的使用。

程序代码如下。

```
#include <stdio.h>
void print();
void main()
{
  int i;
  for(i=0;i<4;i++)
  print();
}
void print()
{
  auto int a=1;      /*定义自动变量*/
  static int b=1;
  printf("a=%d, b=%d\n",a,b);
  a--;b--;
}
```

程序运行结果如图 7-14 所示。

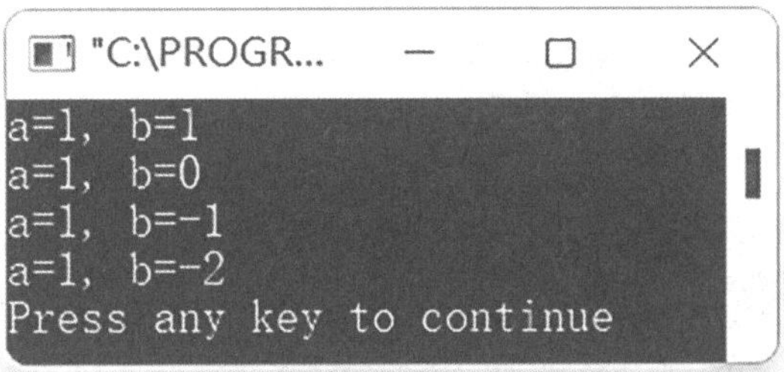

图 7-14 【例 7-14】程序运行结果

虽然使用全局变量有很多好处，但是除非特别需要，不建议使用全局变量。程序设计要求做到模块功能单一，一般要把函数设计成单一功能的封闭体，仅通过实参向形参传递参数的措施，使函数与外界发生联系，故要慎用、少用全局变量，以保障程序的模块化和通用性，增强程序的可读性和可维护性。

2. 全局变量的生存期

全局变量的生存期是程序运行期间，在这一期间全局变量将永久性保存。

编译时全局变量未赋初值，初值默认为 0。

全局变量的优点：由于全局变量在整个程序运行期间都占用内存空间，所以它始终保留要使用的数据（除在某个函数中定义了同名局部变量，在这个函数中同名局部变量有效）。

【例 7-15】 分析全局变量的作用域。

程序代码如下。

```
#include <stdio.h>
extern int a,b;        /* 从定义变量 a 和 b 开始，到程序文件结束为作用域 */
int max()
{
    int c;
    c=a>b? a:b;
    return c;
}
void main()
{
    printf("max=%d\n",max());
}
int a=15,b=-6;
```

程序运行结果如图 7-15 所示。

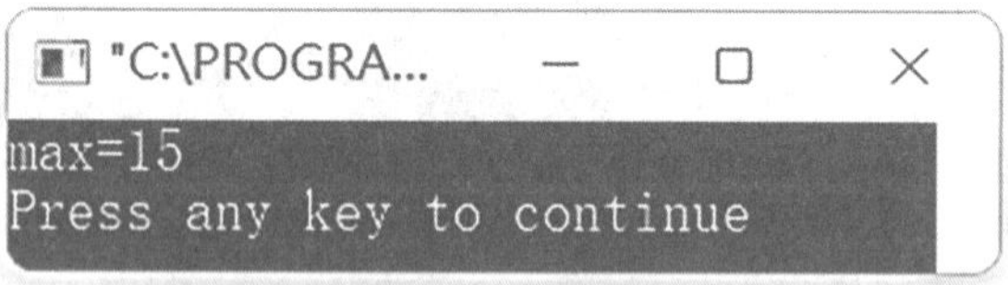

图 7-15 【例 7-15】程序运行结果

【例 7-16】 extern 变量的使用。

程序代码如下。

```
#include <stdio.h>
void ex(),ey();
int x=10,y=100;
```

```
void main()
{
  printf("1: x=%d, y=%d\n",x,y);
  ex();
  ey();
}
void ex()
{
  extern int x,y;
  x=1000;
  printf("2: x=%d, y=%d\n",x,y);
}
void ey()
{
  extern int x,y;
  y=10000;
  printf("3: x=%d, y=%d\n",x,y);
}
```

程序运行结果如图 7-16 所示。

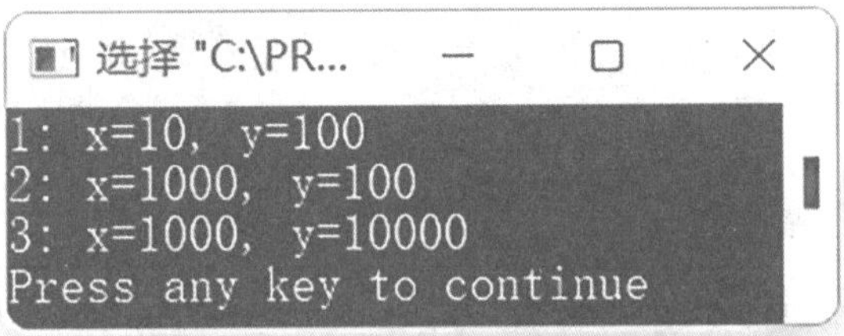

图 7-16　【例 7-16】程序运行结果

在引用全局变量时如果使用 extern 声明全局变量，可以扩大全局变量的作用域。例如，扩大到整个源文件(模块)，对于多源文件(模块)可以扩大到其他源文件(模块)。在定义全局变量时如果使用修饰关键词 static，表示此全局变量作用域仅限于本源文件(模块)。

7.6 编译预处理

C 源程序除了包含程序命令(语句)外，还可以使用各种编译预处理指令。编译预处理指令是给编译器的工作指令，这些编译预处理指令通知编译器在编译工作开始之前对源程序进行某些处理。编译预处理指令就是以“#”号开头的预处理命令，如包含命令“#include”、宏定义命令“#define”等。在源程序中这些命令都放在函数之外，而且一般都放在源文件的前面。预处理是 C 语言的一个重要功能，它由预处理程序负责完成。

C 语言提供了多种预处理功能，如宏定义、文件包含、条件编译等。程序合理地使用预处理，便于阅读、修改、移植和调试，也有利于模块化程序设计。

7.6.1 宏定义

宏定义是用标识符来代表一个字符串(给字符串取个名字)。C 语言用“#define”进行宏定义。C 编译系统在编译前将这些标识符替换成所定义的字符串。宏定义分为不带参数的宏定义和带参数的宏定义。

1. 不带参数的宏定义

不带参数的宏定义的格式如下。

```
#define 标识符 字符串
```

需要说明如下几点。

(1) 宏名遵循标识符规定，习惯用大写字母表示，以便区别普通的变量。

(2) 宏定义字符串不要以分号结束，否则分号也作为字符串的一部分参加展开。

(3) 宏定义后，宏名的作用范围从定义命令开始直到本源程序结束。可以通过“#undef”终止宏名的作用域。

(4) 在宏定义中，可以出现已经定义的宏名，还可以层层置换。例如：

```
#define PI 3.14
#define R 3.0
#define L 2 * PI * R
#define S PI * R * R
main()
{
  printf("L=%f,S=%f",L,S);
}
```

2. 带参数的宏定义

带参数的宏定义不只是进行简单的字符串替换，还要进行参数替换。

带参数的宏定义的格式如下。

```
#define 宏名(参数表) 字符串
```

例如：

```
#define S(a,b) a * b
```

其中,S 是宏名,a,b 是形式参数。程序调用 S(3,2)时,把实参 3、2 分别代替形参 a、b。

需要说明如下几点。

(1) 带参数的宏定义的本质还是简单的字符替换(除了参数替换),所以容易发生错误。例如,"#define S(a,b) a * b",若有语句"area=S(a+b,c+d);",则经过宏展开后,该语句为"area=a+b * c+d;",明显和我们的意图不符。

正确的做法是宏定义的字符串中的形参用括号括起来,即"#define S(a,b) (a) * (b)",则语句"area=S(a+b,c+d);"经过宏展开后为"area=(a+b) * (c+d);"。

为了避免出错,建议将宏定义字符串中的所有形参用括号括起来。替换时括号作为一般字符原样照抄,这样用实参替换时,实参就被括号括起来作为整体,不至于发生类似错误。

(2) 带参数的宏定义在程序中使用时,它的形式及特性与函数相似,但本质完全不同。

函数调用在程序运行时,先求表达式的值,然后将值传递给形参,带参宏展开只在编译时进行简单的字符置换。函数调用是在程序运行时处理的,在堆栈中给形参分配临时的内存单元,宏展开是在编译时进行的,展开时不可能给形参分配内存,也不进行值传递,也没有返回值。函数的形参要定义类型,且要求形参、实参类型一致。宏不存在参数类型问题。

许多问题既可以用函数也可以用带参数的宏定义。宏占用的是编译时间,函数调用占用的是运行时间。在多次调用时,宏使得程序变长,而函数调用不明显。

7.6.2 文件包含

一个 C 源文件可以使用文件包含命令将另外一个 C 源文件的全部内容包含进来。文件包含的语法格式如下。

```
#include "文件名"
```

或

```
#include <文件名>
```

需要说明以下几点。

(1) 被包含的文件称为头文件("#include"一般写在模块的开头)。头文件常常以".h"为扩展名(也可以用其他扩展名,".h"只是习惯或风格)。

(2) 一条"#include"只能包含一个头文件,若要包含多个头文件,则使用多条"#include"命令。

(3) 被包含的头文件可以用双引号(" ")括起来,也可以用尖括号(<>)括起来。区别在于:用尖括号时,系统到存放 C 库函数头文件所在的目录中寻找要包含的文件,这称为标准方式;用双引号时,系统先在用户当前目录查找要包含的文件,若找不到,再按标准方式查找。

习惯上,系统库函数的头文件一般在系统指定目录下,所以常常用尖括号。用户头文件一般在用户目录下,所以常常用双引号。

(4) 当包含文件修改后,对包含该文件的源程序必须重新进行编译和连接。

(5) 在包含文件中还可以包含其他文件。

在多模块应用程序的开发上,经常使用头文件组织程序模块。使用头文件成为共享源代码的方法之一。程序员可以将模块中某些公共内容移入头文件,如常量、数据类型定义、全局变量声明、函数声明等,供本模块或其他模块包含使用。

7.7 技能训练

函数是程序模块化设计最直接的实现方式。使用函数可以控制模块的大小,可以控制变量的作用范围,有利于多人合作开发,可以提高程序的复用率。所以使用函数不仅可以提高程序设计的效率,缩短程序开发周期,还有利于程序的扩充与维护。在实际应用中,分析问题尽可能把大问题化成小问题,用函数实现,这就要求熟练编写与调用函数,多做练习。

【例 7-17】 编写一个函数,判断一个五位数是否为“回文数”。

回文数:如果一个五位数的个位与万位相同,十位与千位相同,则称这个数为“回文数”,如 12321。

程序代码如下。

```
#include <stdio.h>
void hws(long n)
{
   int gw,sw,qw,ww;
   ww=n/10000;      /*分离该五位数的万位*/
   qw=n/1000%10;    /*分离该五位数的千位*/
   sw=n%100/10;     /*分离该五位数的十位*/
   gw=n%10;         /*分离该五位数的个位*/
   if(gw==ww&&sw==qw)
      printf("%ld 是回文数\n",n);
   else
      printf("%ld 不是回文数\n",n);
}
void main()
{
   long m;
```

```
  printf("\n请输入一个五位数:");
  scanf("%ld",&m);
  hws(m);
}
```

程序运行结果如图 7-17 所示。

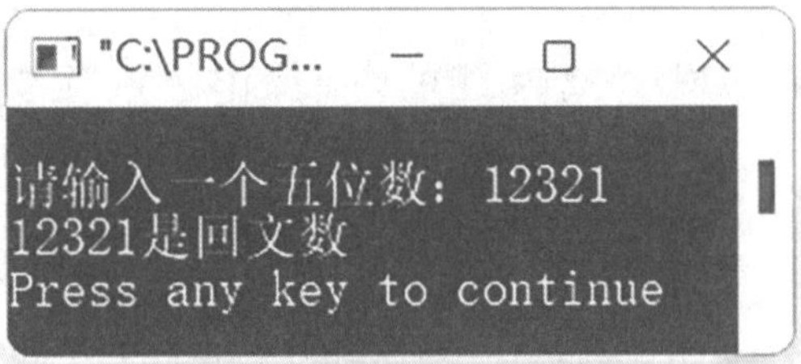

图 7-17 【例 7-17】程序运行结果

【例 7-18】 编写一个函数,找出 3~1 000 的所有“完数”。
完数:一个数如果恰好等于它的因子之和,这个数就称为“完数”,例如 6=1+2+3。
程序代码如下。

```
#include <stdio.h>
int ws(int a);
void main()
{
  int i;
  for(i=3;i<=10000;i++)
    if(ws(i)==1)
      printf("%d\n",i);
}
int ws(int a)
{
  int i,sum=0;
  for(i=1;i<=a/2;i++)
    if(a%i==0)
      sum+=i;
  if(sum!=a)
    return 0;
  else
    return 1;
}
```

程序运行结果如图 7-18 所示。

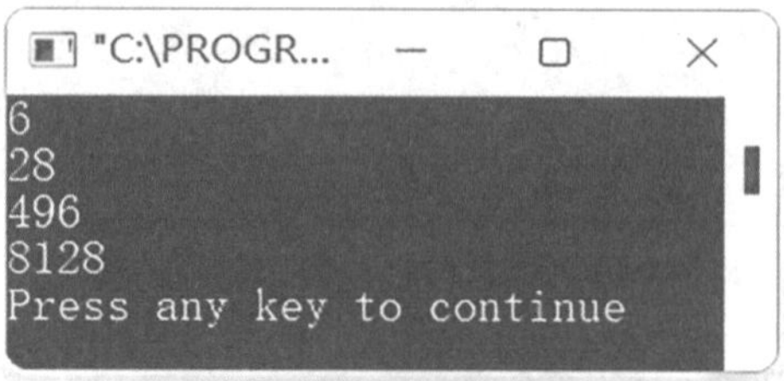

图 7-18 【例 7-18】程序运行结果

【例 7-19】 编写函数,实现对一维数组的如下操作:

(1) 输入 10 个整数,放入一维数组中,并求该数组的最大值、最小值。

(2) 将该数组的元素首尾调换,并分别输出调换前、后的数组。

编程要点如下:

利用 for 循环输入 10 个整数,并放入一维数组中,在求最大值、最小值时,分别重复使用假定的最大值、最小值和其他元素比较,需要编写计算两个数最大值的函数 max(int a, int b)和两个数最小值的函数 min(int a,int b)。编写函数将数组元素调换,即 n 个数需要 n/2 次调换,第 i 个元素和第(n-i-1)个元素调换。

程序代码如下。

```
#include <stdio.h>
int max(int a,int b);
int min(int a,int b);
void print(int a[],int n);
void exchange(int a[],int n);
void main()
{
  int a[10];
  int i,Max,Min;
  printf("\n 请输入 10 个整数:");
  for(i=0;i<10;i++)
    scanf("%d",&a[i]);
  Max=a[0];
  Min=a[0];
  for(i=0;i<10;i++)
    Max=max(Max,a[i]);
  printf("\n 数组最大值为:%d\n",Max);
  for(i=0;i<10;i++)
    Min=min(Min,a[i]);
  printf("\n 数组最小值为:%d\n",Min);
  printf("\n 调换前的数组为:\n");
  print(a,10);
  exchange(a,10);
```

```
  printf("\n调换后的数组为:\n");
  print(a,10);
}
int max(int a,int b)      /*计算两个数的最大值*/
{
return a>b? a:b;
}
int min(int a,int b)      /*计算两个数的最小值*/
{
return a<b? a:b;
}
void print(int a[],int n)      /*输出数组元素*/
{
  int i;
  for(i=0;i<n;i++)
    printf("%d ",a[i]);
  printf("\n");
}
void exchange(int a[],int n)      /*调换数组元素*/
{
  int i,temp;
  for(i=0;i<n/2;i++)
  {
    temp=a[i];
    a[i]=a[n-i-1];
    a[n-i-1]=temp;
  }
}
```

程序运行结果如图 7-19 所示。

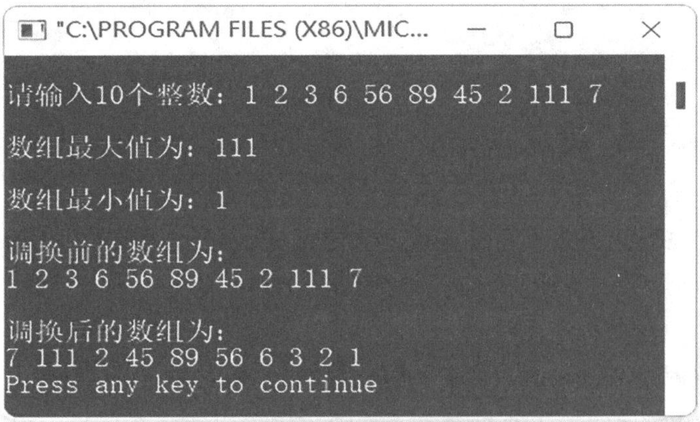

图 7-19　【例 7-19】程序运行结果

等级考试重难点与真题解析

本模块主要考查函数的定义与调用、函数中的数据传递、函数的返回值等。对于局部变量、全局变量等知识，也应该注意掌握。编译预处理重点考查宏定义。函数是程序设计模块化最直接的实现方式，上机考试频率高。

一、 重难点解析

C 语言不仅提供了极为丰富的库函数，还允许用户定义自己的函数。C 程序从 main( ) 函数开始执行，当 main( ) 函数执行完毕时，整个程序就结束了。

1. 库函数

根据计算机二级考试大纲，必须掌握或熟悉一些常用的库函数(请注意常用库函数的返回值)。

2. 函数的定义和说明

在 C 语言中，函数的定义是“独立且平等”的，在同一程序中，函数名必须唯一。无论是主函数还是子函数，其内都不能再定义另一个函数，也就是不能嵌套定义；各函数定义的书写不分前后，只是当被调函数书写在主调函数之后时，必须进行函数说明。

1）函数的定义

```
类型说明符 函数名(形式参数表列)
{
    说明定义部分
    可执行语句部分
}
```

2）函数的声明

```
类型说明符 函数名(类型 1 参数 1,类型 2 参数 2……);
```

或

```
类型说明符 函数名(类型 1,类型 2……);
```

C 语言还规定在被调函数书写在主调函数之前时或被调函数的返回值是整型或字符型时，可以省去对被调函数的说明。

3. 函数的返回值

函数的返回值就是 return 语句中表达式的值。当程序执行到 return 语句时，程序的流程就返回到调用该函数的地方，并带回函数值。函数中可以有多个 return 语句，但一旦其中某一个被执行,则立即结束本函数的执行,返回主调函数,所以函数最多只能返回一个值。函数返回值的类型和函数定义时函数的类型应一致,如果二者不一致,则以函数类型为准,对 return 语句中的表达式自动进行类型转换。

4. 函数的调用

C 语言中,函数的定义都是相互平行、独立的,即不允许嵌套定义函数,但允许嵌套调用函数。主函数可以调用任意子函数,子函数间可以互相调用,子函数还可以调用自身,但是主函数不可以被任何函数调用。

5. 形式参数、实际参数和参数值的传递

C 语言规定,实参变量对形参变量的数据传递是值传递,即单向传递,只能由实参传给形参,而不能由形参传回给实参。实参可以是常量、变量、表达式等,形参只能是变量。实参与形参在类型、个数、顺序上一一对应。形参变量只有在被调用时才分配内存单元,调用完毕即刻释放所分配的内存单元,其作用域同局部变量,只在被调函数体内有效。

1)将实参的值传递给形参(传值)

由于传递是单向的,形参的值若发生改变,实参的值不受影响。此时的实参通常是常量、已有值的普通变量和数组元素等。

2)将实参的地址传递给形参(传地址)

当实参为数组的地址,形参也为同类型的数组时,系统自动将形参改为相应指针,在被调函数中就借助形参指针对实参数组按指针法直接访问其元素,从而对被调函数中对应的数组元素进行操作而改变其中的值。

6. 局部变量和全局变量

1)局部变量

在函数内部或复合语句内部定义的变量称为局部变量,也称为内部变量。函数的形参也属于局部变量。C 语言允许在不同的函数中使用相同的变量名,它们代表不同的对象,分配不同的内存单元,互不干扰。在复合语句中定义的局部变量,其作用域只在复合语句范围内。

2)全局变量

在函数外部定义的变量称为全局变量,也称为外部变量。其作用域从定义位置开始直至整个程序末尾。若想在定义位置之前使用该全局变量,可以用 extern 对其进行说明。如果在同一个源程序文件中,有全局变量与局部变量同名,则在该局部变量的作用范围内,同名的全局变量被屏蔽,即全局变量失效。

3)变量的存储属性

局部变量可以是自动类别(auto 或 register),也可以是静态类别(static)。当局部变量未指明类别时,被声明成自动变量,其值存放在内存的动态存储区,因此退出其作用域后,变量被自动释放,其值不予保留。当变量声明成 static 类型时,在程序运行期间,它占据一个永久的存储单元。静态型变量如果进行了初始化(定义的同时赋初值),只有第一次执行定义语句时随着分配内存并赋初值,当退出所定义的函数或复合语句时,将保留其当时值。再次进入所定义的函数或复合语句时,将不重新定义,也不进行初始化,此时,该变量值是上次离开时的值。静态型变量如果不进行初始化,系统自动为其赋 0。

全局变量属于静态存储类别,可以用 extern 和 static 进行说明。当一个文件要引用另一个文件中的全局变量或在全局变量定义之前要引用它时,可用 extern 说明,相当于扩大全局变量的作用域。用 static 说明的全局变量仅能由本文件引用,相当于限制了全局变量作用域的扩展。

二、 真题解析

1. 设有如下函数:

```
ggg(float x)
{
  printf("\n%d",x * x);
}
```

则函数的类型(　　)。[2017 年 9 月]

A. 与参数 x 的类型相同　　B. 是 void

C. 是 int　　D. 无法确定

解析 C 语言规定,若函数的首部省略了函数返回值的类型定义,则默认函数返回值的类型为 int。所以答案为 C。

2. C 语言规定,程序中各函数之间(　　)。[2017 年 9 月]

A. 既允许直接递归调用也允许间接递归调用

B. 不允许直接递归调用也不允许间接递归调用

C. 允许直接递归调用不允许间接递归调用

D. 不允许直接递归调用允许间接递归调用

解析 C 语言规定,程序中各函数之间允许直接递归调用也允许间接递归调用,答案为 A。

3. 以下程序段的输出结果是(　　)。[2017 年 9 月]

```
#include <stdio.h>
#define MIN(x,y) (x)<(y)?(x):(y)
main()
{
  int i,j,k;
  i=10;
  j=15;
  k=10 * MIN(i,j);
  printf("%d\n",k);
}
```

A. 15　　B. 100　　C. 10　　D. 150

解析 宏定义是用标识符来代表一个字符串,执行 k = 10 * MIN(i,j) = 10 * (10)<(15)?(10):15,显然 100 不小于 15,所以结果为 15,答案为 A。

4. 以下 for 语句构成的循环执行了(　　)次。[2017 年 4 月]

```
#include <stdio.h>
#define N 2
#define M N+1
#define NUM (M+1) * M/2
main()
{
  int i,n=0;
  for(i=1;i<=NUM;i++)
    n++;
  printf("%d",n);
}
```

A. 5　　B. 6　　C. 8　　D. 9

解析 for 循环的循环条件为"i<=NUM",NUM=((N+1+1) * N+1)/2=(4*2+1)/2=8,所以循环执行 8 次 n++,结果为 8,答案为 C。

5. 以下程序的输出结果是(　　)。[2017 年 4 月]

```
#include <stdio.h>
main()
{
  int k=4,m=1,p;
  p=func(k,m);
  printf("%d,",p);
  p=func(k,m);
  printf("%d\n",p);
}
func(int a,int b)
{
  static int m=0,i=2;
  i+=m+1;
  m=i+a+b;
  return(m);
}
```

A. 8,17　　B. 8,16　　C. 8,20　　D. 8,8

解析 第一次调用 func 时,i=2+0+1=3,m=i+a+b=3+4+1=8;第二次调用 func 时,因为变量 m 和 i 声明为 static,所以第一次调用后的结果保留,再执行 i+=m+1 和 m=i+a+b,i=3+8+1=12,m=12+4+1=17,所以答案为 A。

6. 以下程序的输出结果是(　　)。[2016 年 9 月]

```
int m=13;
int fun2(int x,int y)
{
  int m=3;
  return(x * y-m);
}
main()
{
  int a=7,b=5;
  printf("%d\n",fun2(a,b)/m);
}
```

A. 1　　B. 2　　C. 7　　D. 10

解析 本题中全局变量 m 和局部变量 m 同名,C 语言规定,若一个全局变量和某个函数中的局部变量同名,则全局变量将在该函数中被屏蔽,即在该函数内局部变量有效。所以调用 fun2 时,x * y-m=7×5-3=32,执行 fun2(a,b)/m=32/13=2(取整数部分),答案为 B。

7. 以下程序的输出结果是(　　)。[2016 年 4 月]

```
#include <stdio.h>
main()
{
  int n[2],i,j,k;
  for(i=0;i<2;i++)
    n[i]=0;
    k=2
  for(i=0;i<k;i++)
  for(j=0;j<k;j++)
    n[j]=n[j]+1;
  printf("%d\n",n[k]);
}
```

A. 不确定的值　　B. 3

C. 2　　D. 1

解析 由于程序中的语句“k=2”后面漏掉分号，编译不通过。所以答案为 A。

8. 以下程序的输出结果是(　　)。[2016 年 4 月]

```
#include <stdio.h>
func(int a,int b)
{
   int c;
   c=a+b;
   return c;
}
main()
{
   int x=6,y=7,z=8,r;
   r=func((x--,y--,x+y),z--);
   printf("%d\n",r);
}
```

A. 11　　B. 20　　C. 19　　D. 31

解析 调用 func 时，a 接受的值是逗号表达式(x--,y--,x+y)的值 11，b 接受的是 z--的值 8，所以结果为 11+8=19，答案为 C。

9. 以下程序的输出结果是(　　)。[2016 年 4 月]

```
#include <stdio.h>
f(int b[],int n)
{
   int i,r;
   r=1;
   for(i=0;i<=n;i++)
      r=r*b[i];
   return r;
}
main()
{
   int x,a[]={2,3,4,5,6,7,8,9};
   x=f(a,3);
   printf("%d\n",x);
}
```

A. 720　　B. 120　　C. 24　　D. 6

解析 函数 f 的功能是实现 n+1(循环条件是 i<=n)个整数的累乘，主函数中调用函数 f

第一个实参是 a,n=3,这样就是前四个元素的乘积 120,答案为 B。

10. 以下程序的输出结果是(　　)。[2015 年 9 月]

```
int w=3;
main()
{
  int w=10;
  printf("%d\n",fun(5) * w);
}
fun(int k)
{
  if(k==0)
    return w;
  return(fun(k-1) * k);
}
```

A. 360　　B. 3600　　C. 1080　　D. 1200

解析 执行 n=fun(5),调用一次,5!=0,又调用 fun(k-1),即 fun(4),4!=0,又调用 fun(k-1),即 fun(3),3!=0,又调用 fun(k-1),即 fun(2),2!=0,又调用 fun(k-1),即 fun(1),1!=0,又调用 fun(k-1),即 fun(0),此时 k==0,return w,此时的 w 是全局变量的值 3。依次返回调用处并计算 fun(k-1) * k,结果是表达式"3 * 2 * 3 * 4 * 5 * w"的值,此时的 w=10,所以最后结果为 3 600。答案为 B。

思考与练习

一、选择题

1. 一个 C 语言程序中有(　　)个 main()函数,(　　)个其他函数。

A. 一,一　　B. 一,多　　C. 多,一　　D. 多,多

2. 在 C 语言中,形参的缺省存储类别是(　　)。

A. register　　B. extern　　C. static　　D. auto

3. 下列选项中,说法正确的是(　　)。

A. 在函数调用中,可以把形参的值反向传送给实参

B. 数组名作为函数调用的实参时,传递给形参的是数组的首地址

C. 在不同函数中,不可以使用相同名字的变量

D. 在函数内的复合语句中定义的变量在本函数范围内有效

4. C 语言使用"#define"进行(　　)。

A. 宏定义　　B. 文件包含

C. 条件编译　　D. 函数说明

5. 有如下函数调用语句：fun(r1,r2+r3,(r4,r5))；该函数调用语句中，含有的实参个数是(　　)。

A. 5　　B. 4　　C. 3　　D. 2

6. 以下程序的运行结果是(　　)。

```
#include <stdio.h>
int fun(int x,int y);
void main()
{
    int x,y,z;
    x=2;
    y=fun(x,3);
    z=fun(x,y);
    printf("%d\n",z);
}
int fun(int x,int y)
{
    int s;
    s=x * y;
    return s;
}
```

A. 6　　B. 8　　C. 12　　D. 18

7. 以下程序的运行结果是(　　)。

```
#include <stdio.h>
fun(int x)
{
    auto int y=0;
    static int z=1;
    y++;z--;
    return x+y+z;
}
void main()
{
    int a=2,i;
    for(i=0;i<3;i++)
    printf("%d",fun(a));
    printf("\n");
}
```

A. 333　　B. 222　　C. 321　　D. 210

8. 以下程序的运行结果是(　　)。

```
#include <stdio.h>
void fun()
{
  int a=7,b=9,x=1,y=0;
  x+=a+b;
  y+=a-b;
}
void main()
{
  int a=5,b=8,x=0,y=1;
  x+=a+b;
  y+=a-b;
  fun();
  printf("%d,%d",x,y);
}
```

A. 17,-2　　B. 16,-2　　C. 13,-3　　D. 13,-2

9. 以下程序的运行结果是(　　)。

```
#include <stdio.h>
void fun(int n)
{
  if(n!=1)
  {
    printf("**");
    fun(n-1);
  }
  else printf("*");
}
void main()
{
  fun(1);
  fun(2);
  fun(3);
}
```

A. *********　　B. *******

C. *****　　D. ***

10. 以下程序的运行结果是(　　)。

```
#include <stdio.h>
int fun(int m,int n)
{
  if(m==1 && n!=0)
    return 1;
else
    return fun(m-2,3)+m;
}
void main()
{
  int f;
  f=fun(5,0);
  printf("%d\n",f);
}
```

A. 9　　B. 5　　C. 3　　D. 1

二、编程题

1. 编写函数,对于给定的数值,函数返回该数值中值为1的位的个数。

2. 编写函数,分别返回两个数中较大的数和两数之积。

3. 编写函数,返回2到100之间的所有素数。

4. 编写函数,求解两个正整数的最大公约数和最小公倍数。

5. 一只猴子每天早上都吃了前一天剩下的桃子的一半还多一个,到第10天早上再想吃的时候,发现只剩下一个桃子了,求第一天共摘多少个桃子? 编写递归函数,求解此问题。

6. 一只青蛙每次可以跳上1级或2级台阶,那么该青蛙跳n级台阶共有多少种跳法? 编写递归函数,求解此问题。

7. 编写递归函数,求解级数: $y = 1 + \frac{1}{x} + \frac{1}{x^2} + \cdots$,直到某一项$\frac{1}{x^n} \leqslant 10^{-6}$时为止。

8. 编写函数,分别利用带参数和不带参数的宏定义求解圆的周长和面积。

模块 8 应用指针程序设计

案例引入——学生通讯录数据的添加与查找

任务描述

（1）编写函数 addStudent，建立 n 个学生的姓名和电话号码。

（2）编写函数 search，对于所给学生姓名，输入待查找的学生姓名，在所有学生中查找给定的学生，有则返回下标值，无则返回-1。

（3）编写主函数 main，调用 addStudent 录入学生姓名和电话号码；调用 search 在学生中查找某个学生。

思考：有没有这样一种数据类型可以将学生的学号、姓名、电话、地址、入学成绩等不同数据类型的数据存放在一起（预习模块 9）？

任务目标

（1）能够掌握指针的基本概念和基本应用方法，为数据结构中动态链接的物理存储结构打好基础。

（2）能够根据程序需要进行指针变量的定义和引用。

（3）能够运用指针变量的形参接受一维数组和二维数组实参的传递。

（4）能够运用指针变量的形参接受地址实参的传递，从而实现函数返回多个值。

（5）逐步培养程序调试的能力。

源代码展示

```
#include <stdio.h>
#include <string.h>
#define N 3
void addStudent(int *phone, char name[][8])
{
```

```
    int i;
    printf("\n");
    for (i = 0; i < N; i++)
    {
        printf("请输入第%d 位学生的姓名:", i + 1);
        scanf("%s", name[i]);
        printf("请输入第%d 位学生的手机号码(phone):", i + 1);
        scanf("%d", phone+i);
    }
}


int search (char ( *name)[8],char *c){
    int i;
    for (i=0;i<N;i++)
        if(strcmp(name[i],c)==0) return i;
    return -1;
}

int main(){
    int phone[N];
    char names[N][8],ch[8];
    int i,k;
    while(1){
        printf("********************************\n");
        printf("1.录入学生姓名及班级\n");
        printf("2.按姓名查询\n");
        printf("0.退出\n");
        printf("********************************\n\n");
        printf("请输入操作序号(0,1,2)\n");
        scanf("%d",&i);
        if(i==1){
            addStudent(phone,names);
        }
        else if (i==2){
            printf("\n 请输入您要查找的姓名:\n");
            scanf("%s",ch);
            k = search(names,ch);
            if(k==-1) printf("\n 查无此人\n");
```

```
          else printf("\n%d    %s    %d\n",k,names[k],phone[k]);
        }
        else if (i==0) break;
        getch(    );
    }

    return 0;
}
```

运行结果

程序运行结果如图 8-1 所示。

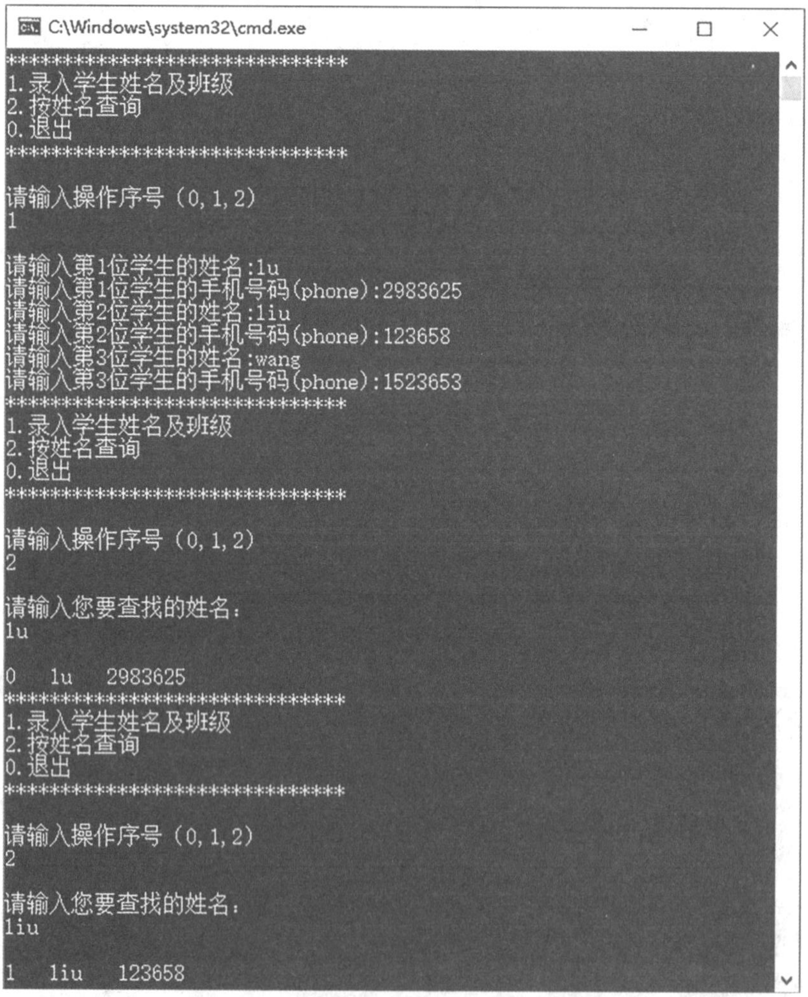

图 8-1 “添加学生通讯录”程序运行结果

程序分析

本程序由 3 个函数组成。addStudent 函数用来录入学生姓名及电话号码，数据分别用指针和数组作为函数参数传递数据；search 函数用来在一组名字中查找某个名字，注意函数中两个参数的定义，在主函数中使用调用语句“k = search(names,. ch) ;”，然后根据 k 的值选择输出。main 函数中定义一个 while 语句，条件总是 1，但在循环体中一旦选择 0 就跳出循环，否则执行某种操作后系统继续显示提示菜单，供用户选择操作。

知识讲解

指针是 C 语言中最具特点且广泛使用的数据类型，通过指针不仅可以间接访问变量，还可以方便地使用数组、字符串，可有效地描述各种数据结构，能够动态地分配内存空间，还可在函数之间传递各种类型的数据。灵活地掌握指针的运用，可以编写出简洁、高效的 C 程序。

8.1 指针变量的定义与引用

在 C 语言中，允许用一个变量来存放指针，这种变量称为指针变量。一个指针变量的值就是某个内存单元的地址或称为某内存单元的指针。由于指针变量存放的可能是不同类型变量的地址，所以指针变量也可以分为不同的类型。

8.1.1 定义一个指针变量

定义指针变量的格式如下。

```
类型名 *指针变量名 1, *指针变量名 2,……
```

例如：

```
int *pt1, *pt2;    /*定义了两个指针变量 pt1、pt2,基类型为整型,即指向的数据类型为整型*/
float *f;                        /*定义指针变量 f,基类型为浮点型,即指向的数据类型为浮点型*/
char *pc;   /*定义指针变量 pc,基类型为字符型,即指向的数据类型为字符型*/
```

需要说明如下两点。

(1) C 语言变量先定义后使用，指针变量也不例外，为了表示指针变量是存放地址的特殊变量，定义变量时在变量名前加“ * ”号。

(2) 指针变量存放地址值，计算机用 2 字节表示一个地址，所以指针变量无论什么类型，其本身在内存中占用的空间都是 2 字节。

8.1.2 指针变量的引用

指针变量一定要有确定的值以后才可以使用。禁止使用未初始化或未赋值的指针，因为此时的指针变量指向的内存空间是无法确定的，使用它可能导致系统崩溃。

1. 取址运算符（&）

可以用取址运算符 & 获得变量的地址，格式如下。

```
&变量名
```

例如：

```
int a, *p;
p=&a;
```

以上两条语句也可以写成：

```
int a, *p=&a;
```

2. 间接访问运算符（*）

可以通过间接访问运算符“ * ”获得指针变量所指单元中的值，格式如下。

```
*指针变量
```

例如：

```
int a, *p;
p=&a;
scanf("%d",p);
(*p)++;
printf("%d,%d, *p,a);
```

若输入 12，则输出为：

```
13,13
```

8.2 指针变量作为函数参数

函数的参数不仅可以是整型、实型、字符型等数据，还可以是指针类型。它的作用是将一个变量的地址传递到另一个函数中。

到目前为止，我们知道函数传值形参的改变不能改变对应实参的值，把数据从被调函数返回到调用函数一般是通过 return 语句返回函数值,这就限定了只能返回一个数据,那么如何传递多个数值?

解决办法是设置指针类型的形参,得到相应实参的地址,变传值为传址。形参是指针类型,实参是基类型相同的地址值或指针变量。

【例 8-1】 借助指针变量返回多个值。

程序代码如下。

```
#include <stdio. h>
void change2(int *a,int *b)
{
  int c;
  c= *a;
  *a= *b;
  *b=c;
}
main()
{
  int x=1,y=2;
  printf("调用前:x=%d,y=%d\n",x,y);
  change2(&x,&y);
  printf("调用后:x=%d,y=%d\n",x,y);
}
```

程序运行结果如图 8-2 所示。

图 8-2 【例 8-1】程序运行结果

如果函数 change2 写成如下形式:

```
void change2(int a,int b)
{
  int temp;
  temp=a;
  a=b;
  b=temp;
}
```

在函数 change2 中实现了交换局部变量(形参)a,b 的值,但调用结束后它们的空间释放,主函数中执行 change2(x,y)后,x 和 y 的值并未交换。

因此,为了使在函数中改变了的变量值能被 main 函数所用,应该用指针变量作为函数参数,在函数执行过程中使指针变量所指向的变量值发生变化,函数调用结束后,这些变量值的变化依然保留下来,这样就实现了"通过调用函数使变量的值发生变化,在主调函数中使用这些改变了的值"的目的。

8.3 指针与一维数组

在 C 语言中,一维数组名代表一维数组首元素在内存单元的地址。由于数组元素在内存中占用连续的单元,所以,可以用一个指针变量存放首元素的地址,并通过该指针变量的移动访问数组中的各个元素。

8.3.1 通过指针访问一维数组

1. 指向一维数组的指针

我们知道,数组名就是数组的首地址。例如,有"int a[10];",则 a 等价于 &a[0]。

若有以下定义和赋值:

```
int a[10], *p;
p=a;
```

则将指针变量 p 指向数组的首元素。数组元素 a[i]的地址可以用 a+i 来表示,也可以用p+i 表示。指针与数组的关系如图 8-3 所示。

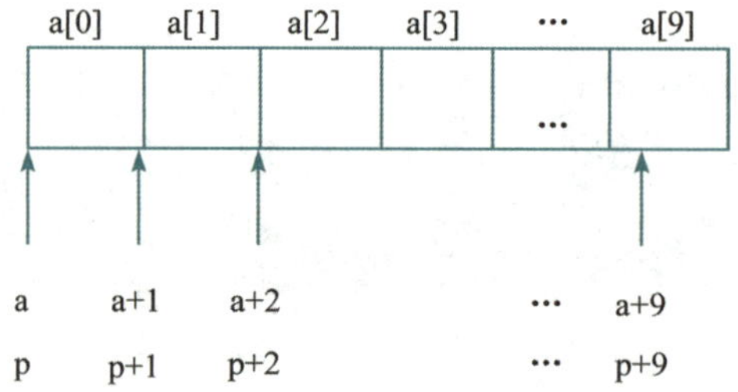

图 8-3 指针与数组的关系

可见,p 值与 &a[0]相等,p+1 的值与 &a[1]相等,…,p+i 的值与 &a[i]相等。

需要注意以下几点。

(1) p++是正确的,而 a++是错误的,因为 a 是数组名,是常量。

(2) 由于++与 * 同优先级,结合方向自右向左,故 * p++等价于 * (p++)。

(3) * (p++)与 * (++p)的值不同, * (p++)等价于 a[0], * (++p) 等价于 a[1],但 p 的值均变成了 &a[1],即 p 指向 a[1]。

(4) (* p)++表示 p 所指向的元素值增 1。

2. 通过首地址引用数组元素

对数组元素的访问我们之前采用的是下标方式。既然数组名 a 就是数组的首地址，因此我们可以使用“a+i”，通过 i 的变化依次访问数组元素。例如：

```
int a[5],i;
```

一般访问形式如下。

```
for(i=0;i<5;i++)      /*一维数组的输入*/
  scanf("%d",a+i);
for(i=0;i<5;i++)      /*一维数组的输出*/
  printf("%d  ",*(a+i));
```

3. 通过指针变量引用数组元素

要通过指针变量访问数组就必须先将指针变量指向该数组。利用指针变量引用数组元素可以采用“不移动指针”或“移动指针”两种方法。例如：

```
int a[5],*p,i;
p=a;或 p=&a[0];
```

1）不移动指针

```
for(i=0;i<5;i++)        /*一维数组的输入*/
  scanf("%d",p+i);
for(i=0;i<5;i++)        /*一维数组的输出*/
  printf("%d  ",*(p+i));
```

2）移动指针

```
for(;p<a+5;p++)       /*一维数组的输入*/
  scanf("%d",p);
for(p=a;p<a+5;p++)   /*一维数组的输出*/
  printf("%d  ",*p);
```

注意：移动指针时，当执行完第一个 for 语句时，指针指向最后一个元素的下一个位置。所以在输出操作的 for 循环中，又初始化 p=a，让指针指向首地址。

4. 用带下标的指针变量引用数组元素

若一个指针变量已经指向要访问的数组，则可以同普通数组下标访问一样，使用带下标的指针变量引用数组元素。

例如：

```
int a[5],*p,i;
p=a;或 p=&a[0];
```

```
for(i=0;i<5;i++)        /* 一维数组的输入 */
  scanf("%d ",p+i);
for(i=0;i<5;i++)        /* 一维数组的输出 */
  printf("%d  ",p[i]);
```

8.3.2 函数中一维数组作为实参

数组名作为实参传送,但数组名本身是一个地址,因此,对应的形参应当是一个指针变量,指针变量的基类型必须与数组的类型一致。在函数中,通过指针变量来引用调用函数中对应的数组元素,从而对调用函数中对应的数组元素进行操作来改变其中的值。

【例 8-2】 选择法排序(一维数组作为实参)。

程序代码如下。

```
#include <stdio.h>
#define N 10
void mysort(int *p,int n)
{
  int i,j,k,t;
  for(i=0;i<n-1;i++)
  {
    k=i;
    for(j=i+1;j<n;j++)
      if(p[k]>p[j])  k=j;
    t=p[i]; p[i]=p[k]; p[k]=t;
  }
}
void myout(int *p,int n)
{
  int i;
  for(i=0;i<n;i++)
    printf("%4d", *(p+i));
  printf("\n");
}
main()
{
  int a[N],i, *q;
  printf("Input Data:");
  q=a;
  for(i=0;i<N;i++)
    scanf("%d",q++);
  printf("Before sorted:");
  myout(a,N);          /* 输出一维数组的数据,也可以为 q=a; myout(q,N); */
```

```
    mysort(a,N);              /*一维数组的数据排序*/
    printf("After sorted:");
    myout(a,N);               /*输出排序后一维数组的数据*/
}
```

程序执行情况如图 8-4 所示。

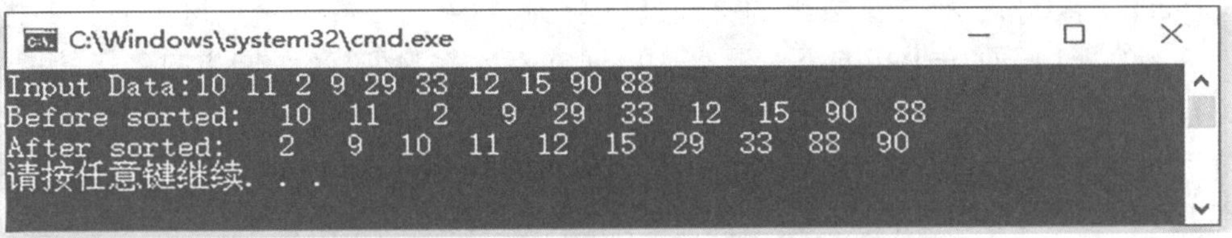

图 8-4 【例 8-2】程序运行结果

本程序定义了两个函数 mysort 和 myout,两个函数的参数都是指针变量 p。用一维数组名作为实参时,数组 a 的首地址传给形参 p,用指针变量 p 间接访问数组中的各个元素。但 C 语言允许写成传统数组表示形式[如 mysort(int p[ ],int n)],便于理解。

8.4 指针与二维数组

用指针变量可以指向一维数组中的元素,也可以指向二维数组中的元素。但在概念和使用上,二维数组的指针比一维数组的指针要复杂一些。

8.4.1 二维数组和数组元素的地址

1. 二维数组行地址

在 C 语言中,一维数组名代表了该数组的起始地址。由于一个数组被定义了以后,其起始地址是不会改变的,因此数组名实际上是一个指针常量。当一个指针变量指向一个一维数组之后,对数组元素的访问既可以通过下标也可以通过指针来完成。

实际上,以上结论可以推广到二维数组乃至多维数组。C 语言用一维数组来表示二维数组,即二维数组是以一维数组为元素的一维数组。例如,二维数组 a[3][4]可以看作有图 8-5 所示的关系。

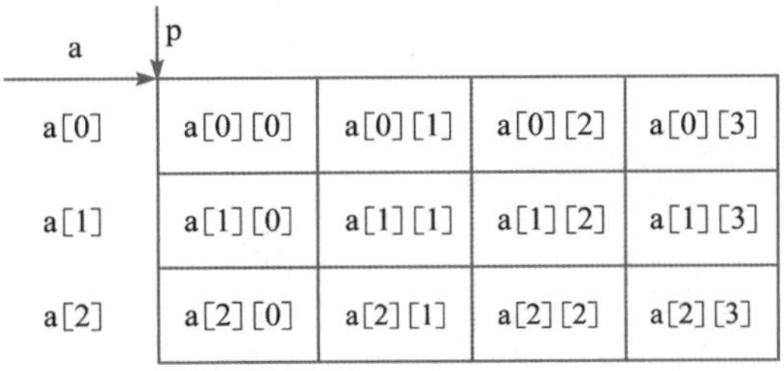

图 8-5 二维数组元素

a 由 a[0]、a[1]、a[2]三个一维数组组成。

数组名 a：第一个数组元素的地址，基类型为数组类型（一维数组）。

a[0]：第一个数组元素的地址，基类型为数组元素类型（int）。

a[0]、a[1]、a[2]分别为每行第一个元素的地址，基类型为数组元素类型（int）。

所以，若有 *i* 从 0 到 2 行，a[i]为 *i* 行的首地址。

又因为 a[i]等价于 *（a+i），所以 *（a+i）是 *i* 行第一个元素的地址。

p 即 &a[0][0]，也是二维数组的首地址，但在使用上与 a 有一定的区别。p+1 指向下一个元素 a[0][1]，而 a+1 指向下一行。所以通常将 p 称为列指针（同指向变量的指针），a 称为行指针。

“p= a[0];”合法，但“p=a;”不合法（基类型不同）。

2. 二维数组元素的地址

a[i][j]元素的地址可以表示为以下几种形式。

（1） &a[i][j]。

（2） a[i]+j。

（3） *（a+i）+j，因为 a[i]等价于 *（a+i）。

3. 通过行指针引用二维数组元素

定义一个二维数组对应的行指针变量的格式如下。

```
类型名（*指针变量名）[所指二维数组的第二维长度值];
```

例如：

```
int a[3][2],(*prt)[2];  /*注意:prt 的基类型是 2 个元素的一维数组类型)*/
```

若有“prt=a;”，则可以通过 prt 指针访问数组中的 a[i][j]元素，有以下几种访问形式。

（1） prt[i][j]。

（2） *（prt[i]+j）。

（3） *（*（prt+i）+j）。

（4） （*（prt+i））[j]。

注意：a 是常量，prt 是变量。

【例 8-3】 通过指针访问二维数组。

程序代码如下。

```
#include <stdio.h>
#define M 3
#define N 2
main()
{
  int a[M][N]={1,2,3,4,5,6},i,j,*p1,(*p2)[N];
  p1=a[0];
  for(i=0;i<6;i++)
  {
```

```
    printf("%4d", * p1);
    p1++;
  }  /* 输出 1 2 3 4 5 6 */
  printf("\n");
  p2=a;
  for(i=0;i<M;i++)
  {
    for(j=0;j<N;j++)
      printf("%4d", *(p2[i]+j));
    printf("\n");
  }
}
```

程序运行结果如图 8-6 所示。

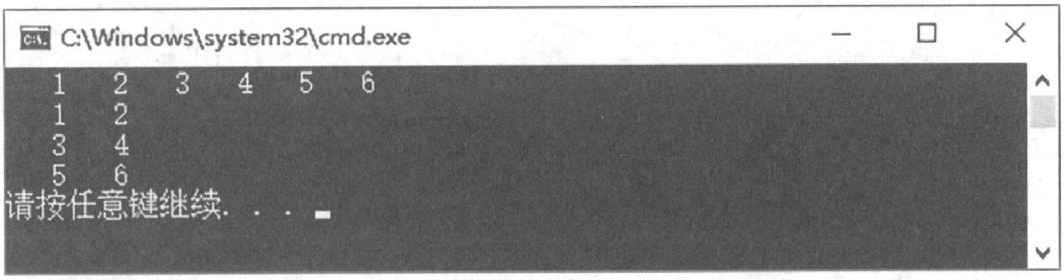

图 8-6 【例 8-3】程序运行结果

8.4.2　函数中二维数组作为实参

当用二维数组名作为实参时，对应的形参类型应该是行指针变量。在函数首部可以用数组的形式定义行指针，在被调用函数中也可以使用下标的形式访问行指针所指向的存储单元。

若主函数中有以下定义和函数调用：

```
main()
{
  int a[3][4];
  …
  fun(a);
  …
}
```

则 fun 函数的首部可以是以下 3 种形式之一。

(1) void fun(int (*p)[4])。

（2）void fun(int p[3][4])。

（3）void fun(int p[ ][4])。

【例 8-4】 二维数组名作为实参。

程序代码如下。

```
#include <stdio.h>
#define M 3
#define N 2
void myout(int (*p)[N])          /* void myout(int p[M][N]) */
{
  int i,j;
  for(i=0;i<M;i++)
  {
    for(j=0;j<N;j++)
      printf("%4d",p[i][j]);     /*  printf("%4d",*(*(p+i)+j));  */
    printf("\n");
  }
}
main()
{
  int a[M][N]={1,2,3,4,5,6};
  myout(a);
}
```

程序运行结果如图 8-7 所示。

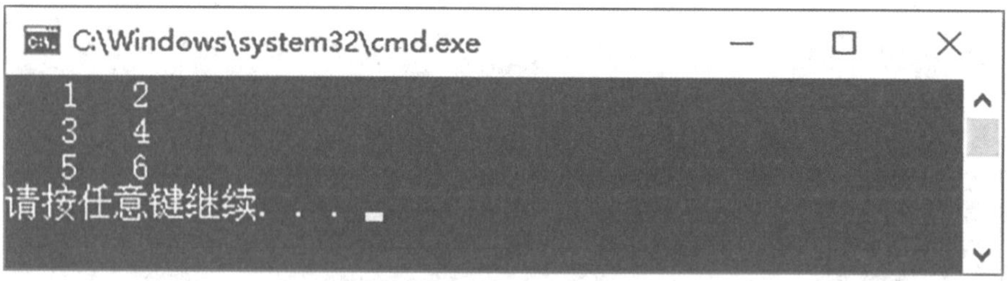

图 8-7 【例 8-4】程序运行结果

8.5 指针与字符串

在 C 语言中，除了可以通过字符数组对字符串进行引用外，还可以通过字符型指针变量对字符串进行引用。

8.5.1　通过指针访问字符串常量

可以在定义字符指针变量的同时，将存放字符串的存储单元起始地址赋给指针变量。如果定义了一个字符型指针变量，也可以通过赋值运算将某个字符串的首地址赋给它，从而使其指向一个字符串。例如：

```
char *p="Hello";
```

或

```
char *p;
p="Hello";
```

【例 8-5】　通过指针访问字符串。

程序代码如下。

```
#include <stdio.h>
main()
{
  char *p="Beijing";
  puts(p);
  p="Shanghai";
  for( ; *p! ='\0';p++)
    putchar(*p);
}
```

程序运行结果如图 8-8 所示。

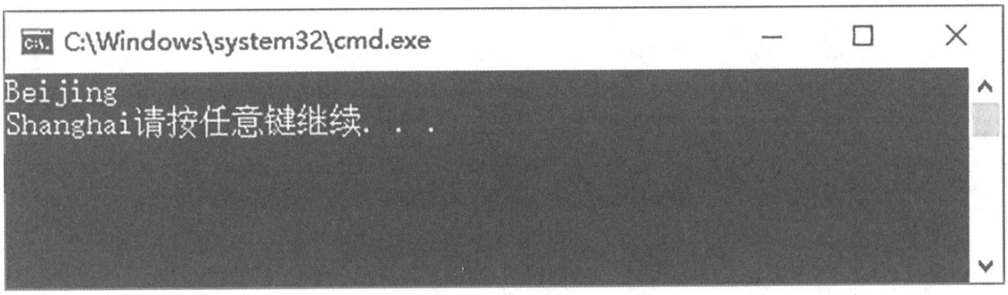

图 8-8　【例 8-5】程序运行结果

8.5.2 通过指针访问字符串数组

如果字符串已经存放在某个字符数组中，可以用赋值方式将指针变量指向该字符数组，从而访问字符串数组。例如：

```
char str[10]="Hello", *p;
p=str;
```

【例 8-6】 通过地址访问字符串来实现两个字符串的复制。

程序代码如下。

```
#include <stdio.h>
main()
{
   char s1[50],s2[20], *p, *q;
   printf("Input a string:");
   p=s1;
   q=s2;
   gets(s2);
   while( *q!='\0')
   {
      *p= *q;
      p++;
      q++;
   }
   *p='\0';
   puts(s1);
}
```

程序运行结果如图 8-9 所示。

图 8-9 【例 8-6】程序运行结果

程序中设置了两个字符指针变量 p 和 q，分别指向字符串 s1 和 s2。在循环中，将 q 指向的字符赋给 p 指向的单元，然后两个指针都向后移动一个位置，直到 q 指向 '\0' 为止。注意，循环结束后，需要在数组 s1 有效字符后追加一个 '\0'，以使 s1 形成字符串。

8.5.3　字符串指针作为函数参数

字符串指针作为函数参数与一维数组一样，对应形参类型必须为指针类型，首地址传递。

【例 8-7】 输入一个字符串，调用函数实现字符串的逆序存放。

程序代码如下。

```
#include <stdio.h>
#include <string.h>
void inverse(char *p);
main()
{
  char s[81];
  printf("Input String:");
  gets(s);
  printf("Inversed:");
  inverse(s);
  puts(s);
}
void inverse(char *p)
{
  char *q,t;
  int n;
  n=strlen(p);
  for(q=p+n-1;p<q;p++,q--)
  {
    t= *p; *p= *q; *q=t;
  }
}
```

程序运行结果如图 8-10 所示。

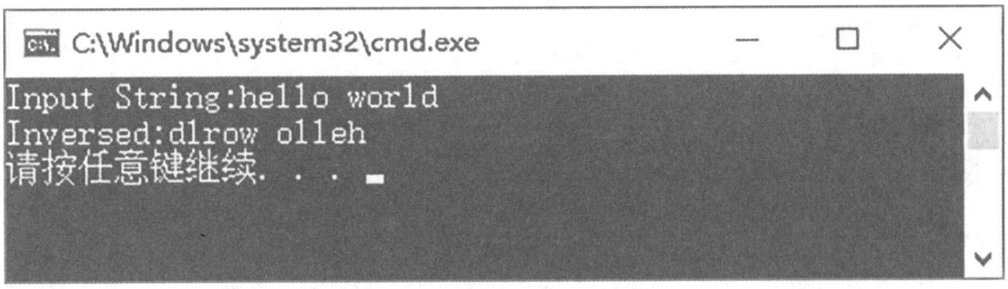

图 8-10　【例 8-7】程序运行结果

8.6 指针数组和指向指针的指针

8.6.1 指针数组

若一个数组的元素均为指针类型的数据，则这个数组称为指针数组。指针数组的所有元素都必须是具有相同存储类型和指向相同数据类型的指针变量。

定义指针数组的语法格式如下。

```
类型说明符 *数组名[常量表达式];
```

例如：

```
int *p[4];
```

注意：不要写成“int (*p)[4];”，这是指向一维数组的指针变量。

指针数组常用来表示一组字符串，这时指针数组的每个元素被赋予一个字符串的首地址，使字符串处理更加灵活和方便。

【例 8-8】 将若干字符串按字母顺序(由小到大)排序输出。

程序代码如下。

```
#include <stdio.h>
#include <string.h>
main()
{
   void sort(char *name[],int n);
   void print(char *name[],int n);
   char *name[]={"FORTRAN","BASIC","LISP","Pascal","C","PROLOG","Java"};
   int n=7;
   sort(name,7);
   print(name,7);
}
void sort(char *name[],int n)
{
   char *temp;
   int i,j,k;
   for(i=0;i<n-1;i++)
   {
```

```
            k=i;
            for(j=i+1;j<n;j++)
                if(strcmp(name[k],name[j])>0) k=j;
            if(k!=i)
            {
                temp=name[i];name[i]=name[k];name[k]=temp;
            }
        }
    }
    void print(char *name[],int n)
    {
        int i;
        for(i=0;i<n;i++)
            printf("%s\n",name[i]);
    }
```

程序执行结果如图 8-11 所示。

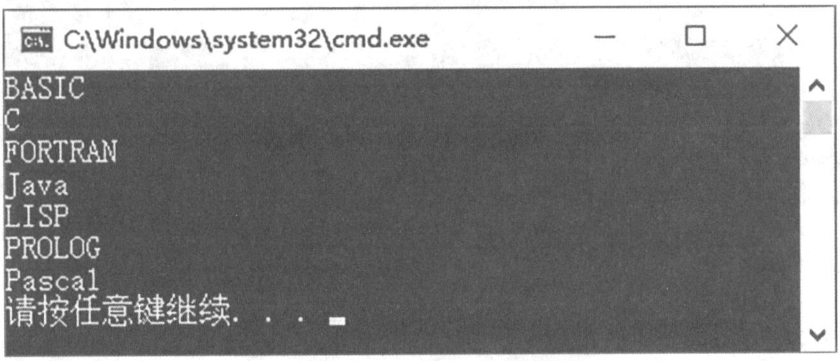

图 8-11　【例 8-8】程序运行结果

8.6.2 二级指针

如果一个指针变量存放的又是另一个指针变量的地址,则称这个指针变量为指向指针的指针变量,又称二级指针。

定义二级指针的语法格式如下。

```
类型说明符 **指针变量名;
```

二级指针变量的值必须是某个一级指针变量的地址,二级指针变量可以通过赋值方式指向某个一级指针变量。赋值格式如下。

```
二级指针变量=& 一级指针变量
```

例如,有如下定义和赋值。

```
int a, *p, **q;
p=&a;
q=&p;
```

则有 *p 等价于 a, *q 等价于 p, **q 即 *(*q)等价于 a。

【例 8-9】 使用指向指针的指针。

程序代码如下。

```
#include <stdio.h>
main()
{
  char *name[]={"FORTRAN","BASIC","LISP","Pascal","C","PROLOG","Java"};
  char **p;
  int i;
  for(i=0;i<7;i++)
  {
    p=name+i;
    printf("%s\n",*p);
  }
}
```

程序运行结果如图 8-12 所示。

图 8-12 【例 8-9】程序运行结果

8.7 技能训练

指针使用灵活、方便，可以使程序简洁、高效、紧凑。可以说，指针是 C 语言的精髓。熟练的程序人员可以利用指针编写出颇有特色、质量优良的程序，实现许多用其他高级语言难以实现的功能。但同时也看到，指针涉及数据的物理存储，概念复杂，虽然使用灵活但容易出错，而且这种错误往往难以发现，所以较难掌握。因此，学习指针要抓住基本的概念，多用图示分析和解决问题。要多上机调试程序，弄清一些细节并积累经验。

【例 8-10】　假设一个班有 3 个学生，本学期开了 4 门课程。查找期末考试有一门以上课程不及格的学生，并输出他们的全部课程成绩。

程序代码如下。

```
#include <stdio.h>
void search(float (*p)[4],int n);
main()
{
  float score[3][4]={{85,90,93,88},{80,76,54,78},{70,87,45,82}};
  search(score,3);
}
void search(float (*p)[4],int n)
{
  int i,j,flag;
  for(i=0;i<n;i++)
  {
    flag=0;
    for(j=0;j<4;j++)
      if(*(*(p+i)+j)<60) flag=1;
    if(flag)
    {
      printf("第%d 号学生不及格,他(她)的各科成绩为:\n",i+1);
      for(j=0;j<4;j++)
        printf("%6.1f",*(*(p+i)+j));
      printf("\n");
    }
  }
}
```

程序运行结果如下。

```
第 2 号学生不及格,他(她)的各科成绩为:
80.0   76.0   54.0   78.0
第 3 号学生不及格,他(她)的各科成绩为:
70.0   87.0   45.0   82.0
```

【例 8-11】 编写程序,使用指针实现两个字符串的连接功能。

程序代码如下。

```
#include <stdio.h>
void link(char *from,char *to )
{
  for( ; *from!='\0';from++);
  for( ; *to!='\0';to++)
   {
     *from=*to;from++;
   }
   *from='\0';
}
main()
{
  char a[20]="Hello ";
  char b[10]="Beijing";
  printf("\nstring a=%s\nstring b=%s\n",a,b);
  link(a,b);
  printf("string a=%s\nstring b=%s\n",a,b);
}
```

程序运行结果如下。

```
string a=Hello
string b=Beijing
string a=Hello Beijing
string b=Beijing
```

等级考试重难点与真题解析

本模块主要考查指针的基础知识与应用,包括指针的基本应用、指针和数组的关系、指针与数组在函数参数传递中的应用、指针与字符串的应用等。掌握指针型数据的使用,是深入理解 C 语言特性和掌握 C 语言编程技巧的重要环节。

一、 重难点解析

1. 一维数组及指针

1）指向一维数组的指针

数组的指针就是数组名，是指数组的首地址。例如，有“int a[5];”，则 a 等价于 &a[0]。

当有如下定义和赋值：

```
int a[5], *p;
p=a;
```

p 就是指向一维数组的指针。C 语言规定：如果指针变量 p 已指向数组中的一个元素，则 p+1 指向同一数组中的下一个元素，所以可以通过 p 指针的移动或(p+i)访问数组元素。

2）一维数组元素的引用

一维数组元素的引用有如下几种方法。

（1）下标法。数组 a 的 5 个元素可以表示为：a[0]、a[1]、a[2]、a[3]、a[4]。

（2）指针法。通过首地址引用数组 a 的 5 个元素可以表示为：*a、*(a+1)、*(a+2)、*(a+3)、*(a+4)；通过指针变量引用数组 a 的 5 个元素可以表示为：*p、*(p+1)、*(p+2)、*(p+3)、*(p+4)。

（3）通过带下标的指针变量引用数组 a 的元素表示为：p[0]、p[1]、p[2]、p[3]、p[4]。

2. 字符串与指针

在 C 语言中除了可以用字符数组表示字符串外，还可以用字符指针来表示。

（1）如果字符串已经存放在某个字符数组中，可以用赋值方式将指针变量指向该字符数组。以后可以用指针变量来处理字符数组中存放的字符串，也可以使用指针变量来处理其中的单个字符，处理方法类似于一维数组。例如：

```
char str[10]="Hello", *p;
p=str;
```

（2）C 语言允许使用指针直接使用字符串常量。例如：

```
char *p="Hello";
```

或

```
char *p;
p="Hello";
```

上述两种方法都是先让字符串常量占据连续空间，再将该空间的首地址赋值给指针变量。以后就可以使用该指针变量来处理字符串或字符串中的单个字符了。

二、 真题解析

1. 若设有以下程序段，则执行程序段后，*(ptr+5)的值为(　　)。[2017年9月]

```
char str[ ] = "Hello";
char *ptr;
ptr = str;
```

A. 'o'　　B. '\0'　　C. 不确定的值　　D. 'o'的地址

解析 执行语句 ptr=str，使 ptr 指向 str 的首地址，ptr+5 指字符'o'后元素'\0'的位置，*(ptr+5)是指 ptr+5 位置的值，所以答案为 B。

2. 以下函数的功能是(　　)。[2017年9月]

```
sss(char *s,char *t)
{
  while((*s)&&(*t)&&(*t++ == *s++));
  return(*s-*t);
}
```

A. 求字符串的长度　　B. 比较两个字符串的大小

C. 将字符串 s 复制到字符串 t 中　　D. 将字符串 s 接续到字符串 t 中

解析 while 循环的三个条件是(*s)&&(*t)&&(*t++ == *s++)，比较两个字符串对应字符是否相等，直到不等，或者其中某个字符串结束为止，函数返回最后比较字符之差。答案为 B。

3. 设以下程序段给数组所有的元素输入数据，正确的是(　　)。[2017年9月]

```
#include <stdio.h>
main()
{
  int a[10],i=0;
  while(i<10) scanf("%d",________);
   ⋮
}
```

A. a+(i++)　　B. &a[i+1]

C. a+i　　D. &a[++i]

解析 要求给数组所有的元素输入数据，&a[i+1]反复给 a[1]读数据，所以 B 错误，a+i 反复给 a[0]读数据，C 也错误，&a[++i]依次给 a[1]，a[2]，a[3]，……，a[10]读数据，少了给 a[0]读数据，而 a[10]下标越界。所以答案为 A。

4. 以下程序的输出结果是(　　)。[2017 年 9 月]

```
#include <stdio.h>
sub(x,y,z)
int x,y, * z;
{
  * z=y-x;
}
main()
{
  int a,b,c;
  sub(10,5,&a); sub(7,a,&b); sub(a,b,&c);
  printf("%d,%d,%d\n",a,b,c);
}
```

A. 5,2,3　　　　　　　　　　B. -5,-12,-7

C. -5,-12,-17　　　　　　　　D. 5,-2,-7

解析 第 1 次调用 sub(10,5,&a)，使 a = 5 - 10 = -5；第 2 次调用 sub(7,a,&b)，使 b=-5-7=-12；第 3 次调用 sub(a,b,&c)，使 c=-12+5=-7，所以答案为 B。

5. 以下程序的输出结果是(　　)。[2017 年 9 月]

```
#include <stdio.h>
fun(s,n1,n2)
int * s,n1,n2;
{
  int i,j,t;
  i=n1; j=n2;
  while(i<j)
  {
    t= * (s+i); * (s+i)= * (s+j); * (s+j)=t;
    j--;
  }
}
main()
{
  int a[10]={1,2,3,4,5,6,7,8,9,0},i, * p=a;
```

```
    fun(p,0,3); fun(p,4,9); fun(p,0,9);
    for(i=0; i<10; i++) printf("%d", *(a+i));
    printf("\n");
}
```

A. 0 9 8 7 6 5 4 3 2 1　　　　B. 4 3 2 1 0 9 8 7 6 5

C. 5 6 7 8 9 0 1 2 3 4　　　　D. 0 9 8 7 6 5 1 2 3 4

解析 函数 fun 的功能是将从下界 n1 到上界 n2 的数据对调。第 1 次调用 fun(p,0,3)后,数组 a 前 4 个数据变为 4,3,2,1;第 2 次调用 fun(p,4,9)后,数组 a 中下标 4 到 9 的数据变为 0,9,8,7,6,5;最后一次调用 fun(p,0,9)后,使 a 数组数据反序存储,循环输出 a 数组结果为 5 6 7 8 9 0 1 2 3 4,所以答案为 C。

6. 设有说明"int(*ptr)[m];",其中标识符 ptr 是(　　)。[2017 年 4 月]

A. m 个指向整型变量的指针

B. 指向 m 个整型变量的函数指针

C. 一个指向具有 m 个整型元素的一维数组的指针

D. 具有 m 个指针元素的一维指针数组,每个元素都只能指向整型量

解析 ptr 是指向具有 m 个整型元素的一维数组的指针,所以答案为 C。

7. 以下程序的输出结果是(　　)。[2017 年 4 月]

```
main()
{
    char *alpha[6]={"ABCD","IJKL","MNOP","QRST","UVWX"};
    char **p; int i;
    p=alpha;
    for(i=0;i<4;i++)
        printf("%s",p[i]);
    printf("\n");
}
```

A. ABCDEFGHIJKL　　　　B. ABCD

C. ABCDIJKLMNOPQRST　　　　D. AEIM

解析 程序中定义了二级指针 p,并且 p=alpha,循环输出前 4 个字符串,所以答案为 C。

8. 设有以下语句:

```
char str[4][12]={"aaa","bbbb","ccccc","dddddd"}, *strp[4];
int i;
for(i=0;i<4;i++) strp[i]=str[i];
```

(　　)不是对字符串的正确引用,其中 0≤k<4。[2017 年 4 月]

A. strp　　B. str[k]　　C. strp[k]　　D. * strp

解析 定义一个指针数组 strp,循环使指针数组每个单元指向数组 str 对应的字符串,要借助指针数组 strp 引用字符串的话,用下标访问,如 strp[k]正确;* strp 相当于 strp[0],C 正确;直接用数组访问当然可以,所以 B 正确;strp 是指针数组的首地址,所以答案为 A。

9. 以下程序的输出结果是(　　)。[2016 年 9 月]

```
int aa[3][3]={{2},{4},{6}};
main()
{
  int i, * p=&aa[0][0];
  for(i=0; i<2;i++)
  {
    if(i==0)
      aa[i][i+1]= * p+1;
    else
      ++p;
    printf("%d", * p);
  }
}
```

A. 23　　B. 26　　C. 33　　D. 36

解析 p 指针指向 aa 数组第一个元素,第一次循环 i==0,使 aa[0][1]=3,并输出 * p 的值 2;第二次循环 i!=0,执行++p,使 p 指向下一列数据 3 并输出。所以答案为 A。

10. 下面各语句行中,能正确进行赋字符串操作的语句行是(　　)。[2016 年 4 月]

A. char st[4][5]={"ABCDE"};　　B. char s[5]={'A','B','C','D','E'};

C. char * s; s="ABCDE";　　D. char * s; scanf("%s",s);

解析 一个字符串对应一个一维数组,选项 A 中 st 是一个二维数组,应该对应 4 个字符串,A 错误;B 中的 s 数组最后元素不是 '\0',所以它只是一个字符数组而非字符串;要执行 scanf("%s",s),必须保证 s 有指向才行,D 错误;定义一个字符指针,可以通过赋值运算将某个字符串的首地址赋给它,所以答案为 C。

思考与练习

一、选择题

1. 若有定义“char s[10];”,则以下表达式中不表示 s[1]地址的是(　　)。

A. s+1　　B. s++　　C. &s[1]　　D. &s[0]+1

2. 以下程序的输出结果是(　　)。

```
main()
{ printf("%d\n",NULL); }
```

A. 因变量无定义输出不定值　　B. 0
C. -1　　D. 1

3. 程序段“char *p="abcdefgh";p+=3;printf("%s",p);”的运行结果是(　　)。

A. abc　　B. abcdefgh　　C. defgh　　D. efgh

4. 若已定义“int a[]={0,1,2,3,4,5,6,7,8,9},*p=a,i;”,其中0<=i<=9,则对a数组元素的引用不正确的是(　　)。

A. a[p-a]　　B. *(&a[i])　　C. p[i]　　D. *(*(a+i))

5. 下列定义不正确的是(　　)。

A. char a[10]="hello";　　B. char a[10],*p=a;p="hello";
C. char *a;a="hello";　　D. char a[10],*p;p=a="hello";

6. 指针s所指字符串的长度为(　　)。

```
char *s="\\\"Name\\Address\n";
```

A. 19　　B. 15　　C. 18　　D. 说明不合法

7. 若有以下定义和语句:“char str1[]="string",str2[8],*str3="string";”,则对库函数strcpy不正确的调用是(　　)。

A. strcpy(str1,"HELLO1");　　B. strcpy(str2,"HELLO2");
C. strcpy(str2,str1);　　D. strcpy(str3,"HELLO4");

8. 以下程序的输出结果是(　　)。

```
#include <stdio.h>
main()
{
  int a[ ]={1,2,3,4},i;
  int x=0;
  for(i=0; i<4; i++)
  {
    sub(a,x);
    printf("%d",x);
  }
}
sub(s,y)
int *s,y;
{
  static int t=3;
  y=s[t]; t--;
}
```

A. 1 2 3 4　　B. 4 3 2 1　　C. 0 0 0 0　　D. 4 4 4 4

9. 以下程序的输出结果是(　　)。

```
main()
{
    int a[10]={1,2,3,4,5,6,7,8,9,10},*p=a;
    printf("%d\n",*(p+2));
}
```

A. 3　　B. 4　　C. 1　　D. 2

10. 以下程序的输出结果是(　　)。

```
void prtv(int *x)
{
    printf("%d\n",++*x);
}
main()
{
    int a=25;
    prtv(&a);
}
```

A. 23　　B. 24　　C. 25　　D. 26

二、编程题

1. 请编写函数,对传送过来的两个浮点数求出和与差,并通过形参传送回调用函数。

2. 用指针编写函数,建立 n 个整型元素的一维数组,求所有元素的平均值。

3. 用指针编写程序,在一个字符串的各个字符之间插入“*”成为一个新的字符串,如“abc”,执行程序后则输出“a*b*c”。

4. 一个班有 n 名学生 m 门课程,用指针编写函数实现以下要求。

(1) 找出两门课以上不及格的学生,输出他们的学号和全部课程成绩。

(2) 找出平均成绩在 90 分以上或全部课程成绩在 85 分以上的学生。

模块 9 结构体和其他构造类型

案例引入——学生住宿管理中信息的记录定义与数据处理

任务描述

编写一个 C 程序,以结构体数组类型存储学生的信息。循环计算每位学生的住宿信息,并按宿舍房间号排序,打印学生姓名、宿舍号、所在班级。

大致步骤如下。

(1) 定义学生信息结构类型。

(2) 在程序入口初始化学生信息并存入数据。

(3) 利用选择法按学生的宿舍号进行排序。

(4) 循环打印排序后的姓名、宿舍号、所在班级。

思考:如果学生人数很多,输入至内存变量的数据,当程序结束时就丢失了,希望长期保存数据怎么办(参考模块 10 中的内容)?

任务目标

(1) 能够用结构体数据类型表述客观事物。

(2) 能够定义和赋值结构体数据类型的变量。

(3) 能够熟练运用结构体数组。

(4) 能够掌握结构体的基本概念,为数据结构中动态链接的物理存储结构打好基础。

(5) 培养数据处理的逻辑思维能力。

源代码展示

```
#include <stdio. h>
#define N 3
#define M 6
typedef struct student
```

```
{
    char name[12];
    int room;
    char classes[20];
} STU;

void addStudent(STU s[])
{
    int i;
    for (i = 0; i < N; i++)
    {
        printf("请输入第%d 位同学的姓名:", i + 1);
        scanf("%s", s[i].name);
        printf("请输入该同学的宿舍:", i + 1);
        scanf("%d", &s[i].room);
        printf("请输入该同学的班级:", i + 1);
        scanf("%s", s[i].classes);
        printf("%4d%10s%10d%10s\n", i + 1, s[i].name, s[i].room,s[i].classes);
    }
}

void sort(STU s[])
{
    int i, j, k;
    STU tmp;
    for (i = 0; i < N; i++)
    {
        k = i;
        for (j = 0; j < N; j++)
        {
            if (s[j].room > s[k].room)
                k = j;
        }
        if (i != k)
        {
            tmp = s[i];
            s[i] = s[k];
            s[k] = tmp;
        }
    }
}
```

```
int main( )
{
    int i;
    STU stu[N];
    addStudent(stu);
    printf(" \n 原始数据:\n");
    printf("序号      姓名      宿舍      班级\n");
    for (i = 0; i < N; i++)
    {
        printf("%4d%10s%10d%10s\n", i + 1, stu[i].name, stu[i].room,stu[i].classes);
    }
    sort(stu);
    printf(" \n 排序后:\n");
    printf("序号      姓名      宿舍      班级\n");
    for (i = 0; i < N; i ++){
        printf("%4d%10s%10d%10s\n", i + 1, stu[i].name, stu[i].room,stu[i].classes);
    }
    return 0;
}
```

运行结果

程序运行结果如图 9-1 所示。

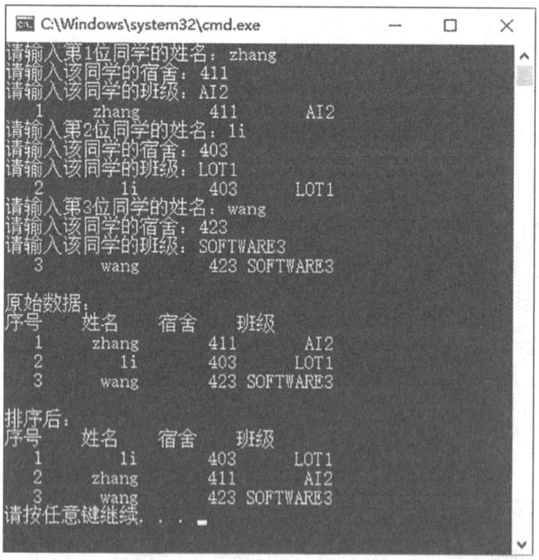

图 9-1 “学生住宿管理信息的结构体数组”程序运行结果

本程序定义了一个结构体类型 struct student，用 typedef 命名为 STU；函数 input 用来实现学生信息的输入，借助 s 数组参数传递数据；函数 sort 完成结构数组的排序，排序中交换数据时，结构体变量直接交换数据（注意临时变量 t 的类型定义）。在主函数中，调用函 input，输出排序前的结果，再调用 sort 函数排序，输出排序后的结果。

知识讲解

模块 6 中学习了一种十分有用的数据结构——数组，但数组只能用来存放一组相同类型的数据。在实际应用中，一组数据通常是由不同类型的数据组成的。例如，在成绩管理系统中，学生的信息包括学号、姓名、性别、年龄、高等数学、大学英语、计算机文化基础等数据项，各数据项的数据类型不尽相同。为此，C 语言提供了结构体数据类型，它可以把多个数据项组合起来，作为一个整体数据进行处理。本模块将依次介绍在 C 语言中可由用户构造的 3 种数据类型：结构体（struct）、共用体（union）和用户定义类型（typedef）。

9.1 结构体变量

结构体是一种构造类型（自定义类型），除了结构体变量需要定义后才能使用外，结构体类型本身也需要定义。结构体由若干成员组成，每个成员可以是一个基本的数据类型，也可以是一个已经定义的构造类型。

9.1.1 结构体类型的定义

结构体类型一般由用户根据需要自己定义，定义格式如下。

```
struct 结构体类型名
{
  类型名 1   结构体成员名表 1;
  类型名 2   结构体成员名表 2;
  …
  类型名 n   结构体成员名表 n;
};
```

需要说明如下几点。

（1）结构体类型的命名应该遵循标识符规定。

（2）结构体有若干数据成员，分别属于各自的数据类型，结构体成员名同样遵循标识符规定，名字可以与程序中其他变量或标识符同名。

（3）使用结构体类型时，“struct 结构体类型名”作为一个整体，表示名字为“结构体类型名”的结构体类型。

（4）结构体类型的成员可以是基本数据类型，也可以是其他已经定义的结构体类型，即结构体嵌套。结构体成员的类型不能是正在定义的结构体类型，但可以是正在定义的结构体类型的指针。

例如,定义关于学生信息的结构体类型。

```
struct date
{
  int year,month,day;
};
struct student
{
  char num[10];
  char name[12];
  char sex;
  struct date birthday;
  char addr[30];
  float score[4];
};
```

注意:上面指定了一个新的结构体类型 struct student。struct student 是一个类型名,它和系统提供的标准类型(如 int 等)一样具有相同的地位和作用。不要忽略最后的分号。

struct student 是结构体类型名,struct 是关键词,在定义和使用时均不能省略。该结构体类型由 6 个成员组成,分别属于不同的数据类型,其中成员 birthday 是 struct date 类型。

9.1.2 结构体变量的定义

声明了结构体类型后,还不能使用,因为声明的只是一种数据类型,必须定义变量才能使用。可以用以下 3 种方式定义结构体的变量。

(1) 先声明结构体类型再定义变量。例如:

```
struct student                    /*结构体类型声明*/
{
  char num[10];
  char name[12];
  char sex;
  char addr[30];
  float score[4];
};
struct student stud1,stud2;   /*结构体变量定义*/
```

(2) 在声明结构体类型的同时定义变量。例如:

```
struct student
{
  char num[10];
```

```
    char name[12];
    char sex;
    char addr[30];
    float score[4];
}stud1,stud2;
```

（3）紧跟无名结构体类型声明后直接定义变量。例如：

```
struct
{
    char num[10];
    char name[12];
    char sex;
    char addr[30];
    float score[4];
}stud1,stud2;
```

需要注意如下几点。

① 结构体类型、结构体变量是不同的概念。

② 一般先定义一个结构体类型，然后定义变量为该类型的变量。

③ 赋值、存取或运算只能对结构体变量，不能对结构体类型。

③ 结构体类型名只能表示一个结构形式，编译系统并不对它分配内存空间，只对结构体变量分配内存空间。

⑤ 各成员占据连续空间的不同地址，所占内存大小等于各成员所占内存之和。

9.1.3　结构体变量的初始化

和一般的变量一样，结构体变量也可以在定义的同时赋初值。但是变量后面的一组数据应该用“{}”括起来，其顺序也应该与结构体中的成员顺序保持一致。例如：

```
struct student
{
    char name[12];
    char sex;
    float score;
    char addr[30];
} std={"Li xue",'F',580.8,"Yantai"};
```

9.1.4　结构体变量的引用

在使用结构体时，不仅要对结构体整体进行操作，更多的是要访问结构体中的某个成员。引用结构体变量中成员的格式如下。

```
结构体变量名.成员名
```

例如,std.name 表示 std 变量中的 name 成员,std.score 表示 std 变量中的 score 成员。可以对变量的成员赋值。例如:

```
std.score=98.4;
```

但成员若是字符数组则不能用赋值语句,只能用 strcpy()来实现。例如:

```
strcpy(std.name,"zhangsan");
```

需要说明如下几点。

(1) 如果成员本身又是结构体类型,则要用若干成员运算符,一级一级地找到最低的一级成员。只能对最低的成员进行赋值或、存取和运算。例如:

```
stud1.birthday.year
stud1.birthday.month
stud1.birthday.day
```

(2) 同一种类型的结构体变量之间可以赋值(整体赋值、成员逐个依次赋值)。例如:

```
stud2=stud1;
```

(3) 不允许将一个结构体变量整体输入/输出。

【例 9-1】 编写程序,计算某学生的平均分。

程序代码如下。

```
#include <stdio.h>
#include "string.h"
struct stu
{
  char num[10];
  float s[3];
};
main()
{
  float ave;
  struct stu li;
  strcpy(li.num,"2018001");
  li.s[0]=78;
```

```
    li.s[1]=92;
    li.s[2]=89;
    ave=(li.s[0]+li.s[1]+li.s[2])/3;
    printf("学号      成绩 1    成绩 2    成绩 3    平均分\n");
    printf("%s%8.1f%8.1f%8.1f%8.1f\n",li.num,li.s[0],li.s[1],li.s[2],ave);
}
```

程序运行结果如图 9-2 所示。

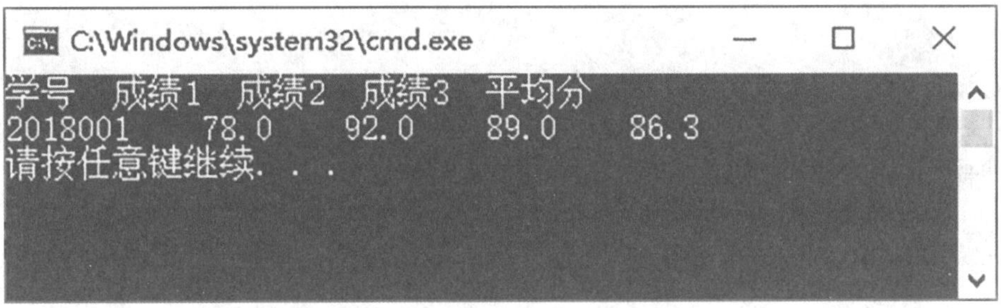

图 9-2　【例 9-1】程序运行结果

9.2 结构体数组与指针

一个结构体变量中可以存放学号、姓名、成绩等信息，如果有 10 个学生的数据需要处理，显然应该采用数组，这就是结构体数组。结构体数组与之前介绍的数值型数组的不同之处在于每个数组元素都是一个结构体类型的数据，它们又分别包括各个成员项。

9.2.1 结构体数组

结构体数组是指数组元素的类型为结构体类型的数组。C 语言允许使用结构体数组存放一类对象的数据。

1．结构体数组的定义

定义结构体数组的语法格式如下。

```
struct 结构体类型名 结构体数组名[常量表达式]
```

例如：

```
struct student
{
    char name[12];
```

```
    char sex;
    float score;
    char addr[30];
};
struct student std[3];
```

2. 结构体数组的初始化

与其他类型的数组一样,对结构体数组可以初始化。例如:

```
struct student
{
    char name[12];
    char sex;
    float score;
    char addr[30];
};
struct student std[3]={{"WangGang",'M',650.0,"jinan"},
                      {"SunYan",'F',620.8,"weihai"},
                      {"PengChao",'M',723.0,"yantai"}};
```

3. 结构体数组元素的引用

引用结构体数组元素的方法如下。

```
结构体数组名[下标].成员名
```

若要修改上面结构体数组初始化中 std[1]的 score 为 680.0,则使用语句:

```
std[1].score=680.0;
```

【例 9-2】 编写程序,求 3 名学生的平均分并输出。

程序代码如下。

```
#include <stdio.h>
#include <stdio.h>
struct stul
{
    char num[10];
    float s[3],ave;
};
main()
```

```
{
  struct stu1 student[3];
  float sum;
  int i,j;
  for(i=0;i<3;i++)
  {
    printf("请输入第%d 位学生的学号:",i+1);
    gets(student[i].num);              /*输入学号*/
    sum=0;
    printf("请输入学号%s 的 3 门课成绩:",student[i].num);
    for(j=0;j<3;j++)
    {
      scanf("%f",&student[i].s[j]);/*输入成绩*/
      sum+=student[i].s[j];          /*结构体类型的成员变量累加*/
    }
    student[i].ave=sum/3;
    fflush(stdin);                   /*清空缓冲区,stdin 表示标准输入*/
  }
  for(i=0;i<3;i++)
  printf("学号%s 的平均分为%.1f\n",student[i].num,student[i].ave);
}
```

程序运行结果如图 9-3 所示。

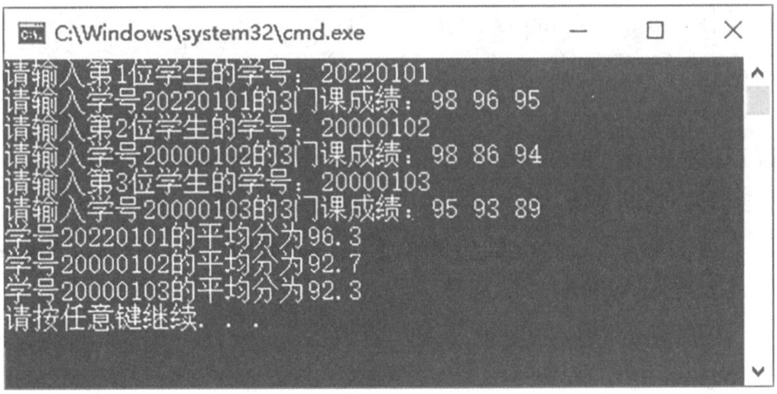

图 9-3 【例 9-2】程序运行结果

9.2.2 结构体指针变量

结构体指针变量是指向结构体变量的指针变量,结构体指针变量的值是结构体变量(在内存中的)起始地址。

1. 结构体指针变量的定义

定义结构体指针变量的语法格式如下。

```
struct 结构体名 *指针变量;
```

例如:

```
struct student *p;
```

定义了一个结构体指针变量,它可以指向一个 struct student 结构体类型的数据。

2. 结构体指针变量的引用

通过结构体指针引用结构成员的方法有以下两种形式。

(1) 结构体指针变量名->成员名。

(2) (*结构体指针变量名).成员名。

说明:"->"称为结构指针运算符,"."称为成员运算符。

若有以下定义和语句:

```
struct key
{
  int count;
  char word[8];
};
struct key a={12,"abc"}, *p=&a;
```

则引用结构变量 a 中的 count 域可以使用以下 3 种等价形式。

(1) a.count。

(2) p->count。

(3) (*p).count。

3. 结构体指针变量与数组

前面已经介绍过,可以使用指向数组的指针来访问数组元素。同样,对结构体数组也可以使用指针变量来访问结构数组中的元素。

【例 9-3】 用指针访问结构体变量及结构体数组。

程序代码如下。

```
#include <stdio.h>
main()
{
  struct student
  {
```

```
    char num[10];
    char name[12];
    char sex;
    int age;
    float score;
  };
  struct student stu[3]={{"201702","Wang",'F',20,483},{"201703","Liu",'M',19,503},
                        {"201704","Song",'M',19,471.5}};
  struct student student1={"201701","Zhang",'F',19,496.5}, *p, *q;
  int i;
  p=&student1;
  printf("%s,%c,%5.1f\n",student1.name,(*p).sex,p->score);   /* 访问结构体变量 */
  q=stu;
  for(i=0; i<3; i++,q++)
    printf("%s,%c,%5.1f\n",q->name,q->sex,q->score);
}
```

程序运行结果如图 9-4 所示。

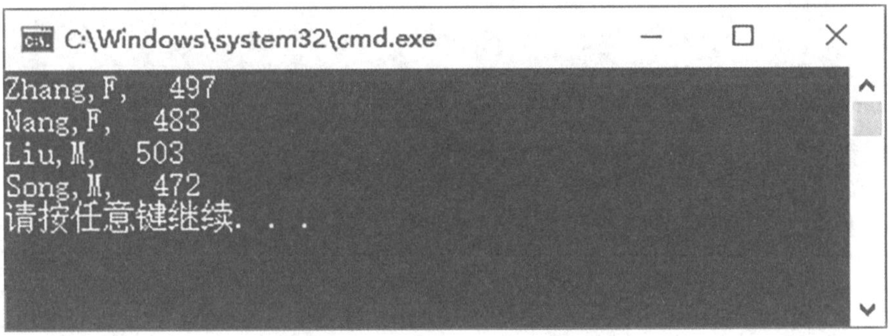

图 9-4 【例 9-3】程序运行结果

9.3 函数之间结构体类型的数据传递

结构体变量、结构体指针变量都可以像其他数据类型一样作为函数的参数,也可以将函数定义为结构体类型或结构体指针类型(返回值为结构体、结构体指针类型)。

9.3.1 结构体变量作为实参

用结构体变量作为实参时,采取的是值传递方式,将结构体变量所占的内存单元内容全部顺序传递给形参。形参也必须是同类型的结构体变量。在函数调用期间形参也要占用内存单元,这种传递方式在空间和时间上开销较大。另外,由于采用值传递方式,如果在被调函数中改变了形参的值,该值也不会返回主调函数,这往往造成使用上的不便。

【例 9-4】 编写程序,计算某学生的平均成绩,要求调用函数完成并使用结构体变量作为实参。

程序代码如下。

```
#include <stdio.h>
struct student
{
  char num[10];
  float s[3];
  float ave;
};
void average(struct student s)        /*形参为与实参相同类型的结构变量*/
{
  s.ave=(s.s[0]+s.s[1]+s.s[2])/3;
  printf("%s 的平均分是:%.1f\n",s.num,s.ave);
}
main()
{
  struct student stu={"2018001",60,75,80};
  average(stu);                       /*结构体变量作为实参*/
  printf("%s 的平均分是:%.1f\n",stu.num,stu.ave);
}
```

程序运行结果如图 9-5 所示。

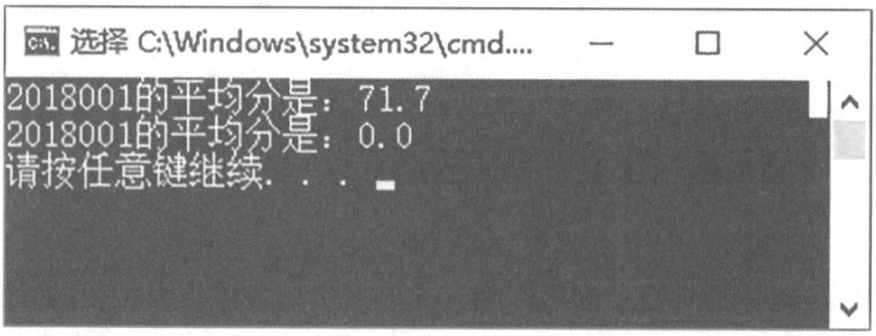

图 9-5 【例 9-4】程序运行结果

由【例 9-4】得出以下结论。

(1) 当实参是结构体变量时,形参应与实参是相同类型的结构体变量。函数调用时实参各成员的值一一对应传到形参各成员中。

（2）分析程序运行结果不难看出，实参和形参之间的数据传递是单向的，形参的改变不能影响实参的值。在被调函数 average 中经过计算后，成员 ave 原来的值被 71.7 取代，但该形参的改变不影响实参，所以在主函数中输出实参的 ave 的值为 0.0。

9.3.2　结构体变量指针作为实参

用指向结构体变量的指针作为实参，将结构体变量的地址传给形参。

【例 9-5】　编写程序，计算某学生的平均成绩，要求调用函数完成并使用结构体变量的地址作为实参。

程序代码如下。

```
#include <stdio.h>
struct student
{
   char num[10];
   float s[3];
   float ave;
};
void average(struct student *p)
{
   p->ave=(p->s[0]+p->s[1]+p->s[2])/3;
}
main()
{
   struct student stu={"2018001",60,75,80};
   average(&stu);
   printf("%s 的平均分是:%.1f\n",stu.num,stu.ave);
}
```

程序运行结果如图 9-6 所示。

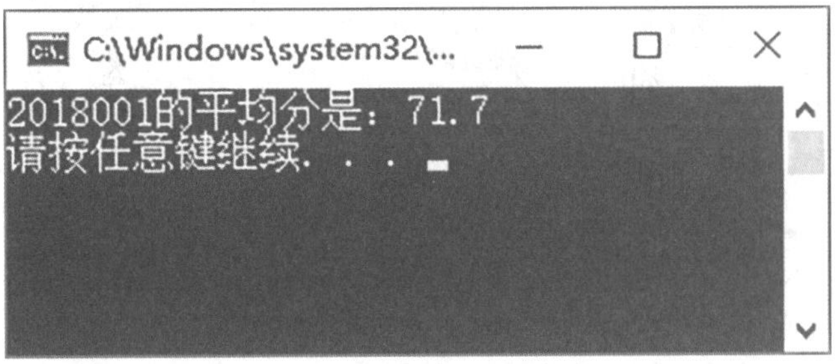

图 9-6　【例 9-5】程序运行结果

由【例 9-5】得出以下结论。

（1）当实参是结构体变量的地址时，形参应与实参是相同类型的结构体指针变量。当函数调用时，实参的地址值传给形参中的指针变量。系统只需为形参指针开辟一个存储单元存放实参结构体变量的地址，而不必另建立一个结构体变量。这样可以减少系统操作所需的时间，提高程序的执行效率。

（2）在被调函数中可以通过引用形参的指针变量和访问主调函数中的结构体变量，即可以通过函数的调用，有效地修改实参结构体中成员的值。

9.3.3 结构体数组作为参数

与普通数组一样，结构数组名也可以作为实参，但是因为数组名本身是一个地址值，所以，用结构体数组名作为参数时，实参与形参都应用结构体数组名或结构体指针。

【例 9-6】 编写程序，计算 *N* 个学生的平均成绩，要求调用函数完成并使用结构体数组作为实参。

程序代码如下。

```
#include <stdio.h>
#define N 3
struct student
{
    char num[10];
    float s[3],ave;
};
void average(struct student p[])
{
    int i;
    for(i=0;i<N;i++)
       p[i].ave=(p[i].s[0]+p[i].s[1]+p[i].s[2])/3;
}
main()
{
    int i;
    struct student stu[N]={{"201801",60,75,80},{"201802",85,90,80},{"201803",88,75,90}};
    average(stu);
    for(i=0;i<N;i++)
       printf("%s 的平均分是:%.1f\n",stu[i].num,stu[i].ave);
}
```

程序运行结果如图 9-7 所示。

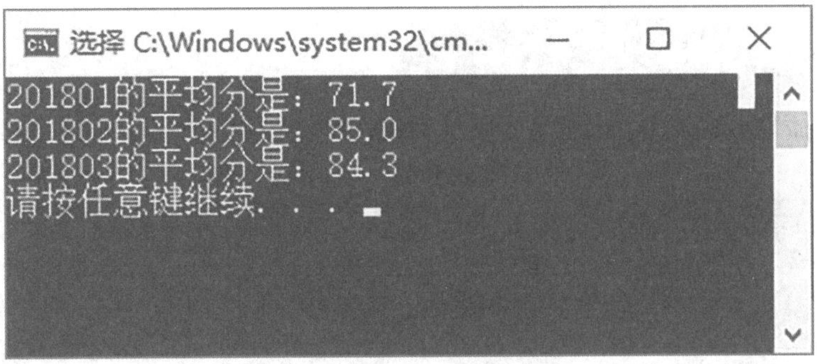

图 9-7　【例 9-6】程序运行结果

9.4 共同体

共同体(联合)是另外一种构造型数据类型,与结构体类似,在共同体内可以定义多种不同数据类型的成员。区别是,共同体类型变量所有成员共用一块内存单元。虽然每个成员都可以被赋值,但只有最后一次赋予的成员值能够保存且有意义,前面赋予的成员值被后面赋予的成员值所覆盖。

9.4.1 共同体类型的声明

声明共同体类型的语法格式如下。

```
union 共同体标识名
{
  类型名 1 成员名表 1;
  类型名 2 成员名表 2;
  …
  类型名 n 成员名表 n;
};
```

例如:

```
union data
{
  int i;
  char ch;
  float f;
};
```

9.4.2 共同体变量的定义

类似于结构体变量的说明形式,常用 3 种方法说明共同体变量,只是将结构体关键字 struct 换为 union。

(1) 声明共同体类型的同时定义变量。例如:

```
union data
{
  int i;
  char ch;
  float f;
}a,b,c;
```

(2) 先声明共同体类型再定义变量。例如:

```
union data
{
  int i;
  char ch;
  float f;
};
union data a,b,c;
```

(3) 紧跟无名类型说明后定义。例如:

```
union
{
  int i;
  char ch;
  float f;
}a,b,c;
```

9.4.3 共同体成员的引用

共同体是对多个变量共享同一段内存的定义,因此单独使用共同体变量没有意义。只能通过引用结构体成员的方式来使用结构体变量。与引用结构体成员类似,可用“.”或“->”运算符引用共同体类型的成员变量。

共同体数据的特点如下。

（1）在每个瞬间，共同体变量中只有一个成员起作用，其他成员不起作用。

（2）共用体变量中有意义的成员是最后一次存放的成员。例如，在执行“a. i = 1；a. f = 3. 6；a. ch = 'H'”语句后，当前只有 a. ch 有意义（x. a，x. b 也可以访问，但没有实际意义）。

（3）与结构体变量不同，共同体变量不能初始化。

（4）共同体变量的地址与成员的地址相同，即 &a. i = &a. f = &a. ch = &a。

（5）结构体变量占用空间大小是所有成员占用空间之和，而共同体变量占用的空间大小与各成员中占用空间最大的相同。

（6）共用体、结构体可以相互嵌套。

【例 9-7】 学校人员的数据管理。教师的数据包括编号、姓名、性别和职务，学生的数据包括编号、姓名、性别和班号。现将两种数据放在同一个表格中，如图 9-8 所示。最后一列，对于教师，登记教师的“职务”，对于学生，则登记学生的“班号”（对于同一人员不可能同时出现）。写出类型定义，并编写输入信息和输出信息的程序代码。

num	name	sex	job	class / position
101	li	f	s	604
102	wang	m	t	prof

图 9-8　数据管理表

程序代码如下。

```
#include <stdio. h>
#include <ctype. h>
struct person  /* 结构体类型定义 */
{
  long num;
  char name[20];
  char sex;
  char job;/* 人员标志:s-学生,t-教师 */
  union  /* 匿名共用体定义,并定义共用体变量 category 作为外层结构体的成员 */
  {
    char class[10];
    char position[20];
  } category;
};
int input(struct person person[])  /* 输入人员信息,返回人员数 */
{
  int i;
  for(i=0;i<20;i++)  /* 循环输入,如果满 20 个或遇到编号-1 结束循环 */
  {
    printf("num:");
```

```
        scanf("%ld",&person[i].num);
        if(person[i].num==-1) break;
        printf("name:");
        scanf("%s",person[i].name);
        flushall();
        printf("sex:");
        scanf("%c",&person[i].sex);
        printf("job(s-student,t-teacher):");
        scanf("%c",&person[i].job);
        if(toupper(person[i].job)=='s')   /* 如果是学生的信息 */
        {
          printf("class:");
          scanf("%s",person[i].category.class);
        }
        else
        {
          printf("position:");
          scanf("%s",person[i].category.position);
        }
      }
    return i;  /* 返回人员的数目 */
  }
  void output(struct person person[],int n)
  {
    int i;
    printf("num\tname\tsex\tjob\tcategory:\n");  /* 打印表头 */
    for(i=0;i<n;i++)                              /* 循环输出 */
    {
      if(toupper(person[i].job)=='s')
          printf("%ld\t%s\t%c\t%c\t%s\n",person[i].num,person[i].name,  person[i].sex,person
[i].job,person[i].category.class);
      else
          printf("%ld\t%s\t%c\t%c\t%s\n",person[i].num,person[i].name,  person[i].sex,person
[i].job,person[i].category.position);
    }
  }
  void main()
  {
    int n;
```

```
    struct person person[20];    /* 人员情况数组 */
    n=input(person);             /* 输入数据 */
    output(person,n);            /* 输出数据 */
}
```

9.5 枚举类型

所谓枚举,是指将变量的值一一列举出来,变量的值只限于列举出来的值的范围内,因此,枚举类型是只能取事先定义值的数据类型。

9.5.1 枚举类型的定义

定义枚举类型的语法格式如下。

```
enum 枚举类型名{枚举元素列表};
```

例如:

```
enum weekday{sun,mon,tue,wed,thu,fri,sat};
```

enum 是关键字,定义了枚举类型 enum weekday,取值范围为 sun,mon,…,sat。

9.5.2 枚举变量的定义与赋值

枚举变量的定义方法与结构体类似。

(1) 定义枚举类型的同时定义变量:

```
enum 枚举类型名{枚举常量列表}枚举变量列表。
```

(2) 先定义类型后定义变量:

```
enum 枚举类型名 枚举变量列表。
```

(3) 匿名枚举类型:

```
enum {枚举常量列表}枚举变量列表。
```

例如:

```
enum weekday{sun,mon,tue,wed,thu,fri,sat};
enum weekday week1,week2;
```

定义 enum weekday 枚举类型的变量 week1,week2,其取值范围是 sun,mon,…,sat。

可以用枚举常量给枚举变量赋值。例如:

```
week1=wed; week2=fri;
```

关于枚举需要说明以下几点。

(1) enum 是标识枚举类型的关键字,定义枚举类型时应当用 enum 开头。

(2) 枚举元素(枚举常量)由程序设计者自己指定,命名规则同标识符。

(3) 枚举元素在编译时,按定义时的排列顺序取值 0,1,2,…。

(4) 枚举元素是常量,不是变量(看似变量,实为常量),可以将枚举元素赋值给枚举变量,但是不能给枚举常量赋值。在定义枚举类型时可以给这些枚举常量指定整型常数值(未指定值的枚举常量的值是前一个枚举常量的值+1)。例如:

```
enum weekday{sun=7,mon=1,tue,wed,thu,fri,sat};
```

则有

```
sun=7,mon=1,tue=2,wed=3,thu=4,fri=5,sat=6。
```

(5) 枚举常量不是字符串。

(6) 枚举常量一般可以参与整数可以参与的运算,如算术运算、关系运算和赋值运算等。例如,若有“week1=sun;printf("%s",week1);”,若要输出“sun”,可以用语句:“if(week1==sun)printf(“sun”);”来实现。

(7) 枚举变量不能直接输入和输出。一般借助 switch 语句,通过直接输入它们对应的整数值,根据判断赋值;或根据枚举元素的值进行判断并以字符串形式输出。

9.6 定义类型别名

C 语言还允许使用关键字 typedef 由用户自己定义有一定字面含义的新类型名,并用这些类型名说明变量,以提高程序的可读性,简化书写。

9.6.1 定义已有类型的别名

定义已有类型的别名不是定义新的数据类型,而仅仅是对于已经存在的数据类型名再定义一个新名字,用它代替已存在的数据类型名来进行变量的说明,以便使程序更容易理解和识别,也可以提高移植性。

定义新类型的语法格式如下。

```
typedef 类型 类型的别名;
```

这里的"类型"必须是在此语句之前已有定义的类型标识符,可以是任何基本类型、结构或联合类型,也可以是 typedef 定义的类型名。

例如,用户自定义类型 INTEGER 代替已有类型 int,用户自定义类型 REAL 代替已有类型 float。

```
typedef int INTEGER;
typedef float REAL;
INTEGER m,n;        /* 等价于"int m,n;" */
REAL a,b;           /* 等价于"float a,b;" */
```

9.6.2 定义构造类型的别名

定义结构体类型名,再用自定义类型名定义变量。例如:

```
typedef struct
{
  char name[12];
  char sex;
  struct date birthday;
  float score[4]
}STD;
STD std,pers[3], *p;
```

需要说明如下几点。

(1) 用 typedef 只是对已经存在的类型增加一个类型名,而没有创造新的类型。

(2) 新类型名一般用大写表示,以便区别。

(3) 用 typedef 定义数组、指针、结构等类型将带来很大的方便,不仅使程序书写简单,而且使程序意义更为明确,也增强了程序的可读性。

(4) 当不同源文件中用到同一类型数据时,常用 typedef 声明一些数据类型,把它们单独放在一个文件中,在需要用到的文件中用"#include"把它们包含进来即可。

9.7 技能训练

结构体和共同体不是系统固有的，它需要用户自己定义。在一个实用程序中，可以有多个各不相同的结构体和共同体类型。灵活使用结构类型可以实现复杂数据的表示与操作，要熟练掌握类型的定义与使用，为后续学习面向对象程序设计打下坚实的基础。

【例 9-8】 输入 5 位用户的姓名和电话号码，按姓氏的字典顺序排序后，输出用户的姓名和电话号码。

程序代码如下。

```
#include <stdio.h>
#include <string.h>
#define N 5
typedef struct
{
  char name[20];
  char tel[20];
}user;
void getdata(user *sp);
void sort(user *sp);
void outdata(user *sp);
main()
{
  user sp[N];
  getdata(sp);
  sort(sp);
  outdata(sp);
}
void getdata(user *sp)
{
  int i;
  printf("Please input name&phone:\n");
  for(i=0;i<N;i++)
  {
    gets(sp[i].name);
    gets(sp[i].tel);
  }
}
```

```
void sort(user *sp)
{
  int i,j,k;
  user temp;
  for(i=0;i<N-1;i++)
  {
    k=i;
    for(j=i+1;j<N;j++)
      if(strcmp(sp[k].name,sp[j].name)>0) k=j;
    temp=sp[k];
    sp[k]=sp[i];
    sp[i]=temp;
  }
}
void outdata(user *sp)
{
  int i;
  printf("after sorted:\n");
  for(i=0;i<N;i++)
    printf("%s,%s\n",sp[i].name,sp[i].tel);
}
```

程序运行结果如图 9-9 所示。

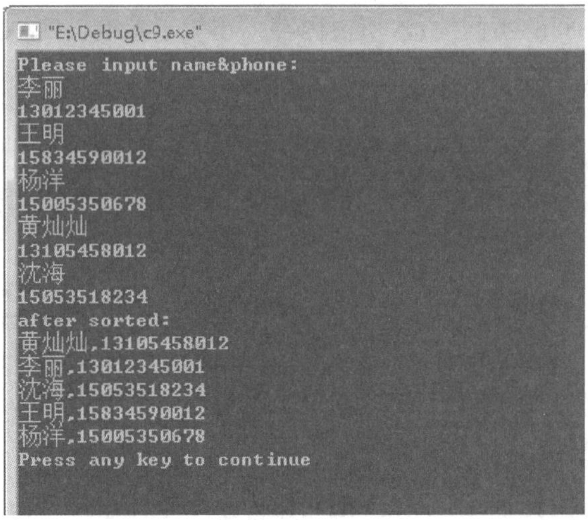

图 9-9　【例 9-8】程序运行结果

等级考试重难点与真题解析

本模块主要考查类型定义符 typedef、结构体与共同体。本部分属于 C 语言程序设计提高部分，要求重点掌握结构体、共同体和用户定义数据类型的概念及应用。结构体是必考知识点，考核概率很高。

一、重难点解析

1. 结构体

1）结构体类型的定义

定义格式如下。

```
struct 结构体类型名
{
   数据类型 1 成员名 1;
   数据类型 2 成员名 2;
   …
   数据类型 n 成员名 n;
};
```

2）结构体变量、数组的定义

有 3 种方法可以定义结构体变量、数组：先定义结构体类型，然后定义变量、数组；同时定义结构体类型和变量、数组；定义无名称的结构体类型的同时定义变量、数组。

各成员占据连续空间的不同地址，所占内存大小等于各成员所占内存之和。

3）结构体变量、数组的初始化

例如：

```
struct student
{
   char name[10];
   int age;
}x={"chang",18},s[2]={{"hu",17},{"wang",18}};
```

4）结构体变量的引用

在程序中使用结构体变量时，往往不把它作为一个整体来使用。在 ANSI C 中除了允许具有相同类型的结构体变量相互赋值外，其余处理均通过结构体变量的成员来实现。

2. 指针与结构体

结构体指针变量的定义形式如下。

```
struct 结构体类型名 *结构指针变量名;
```

例如：

```
struct student
{
  char name[10];
  int age;
}x, *p=&x ;
```

则结构体变量 x 的成员引用有如下 3 种等价形式。

（1）x. age。

（2）（*p）. age。

（3）p->age。

二、真题解析

1. 设有如下枚举类型定义：

```
enum language {Basic=3,Assembly,Ada=100,COBOL,FORTRAN};
```

则枚举量 Fortran 的值为（　　）。[2017 年 9 月]

A. 4　　　　B. 7　　　　C. 102　　　　D. 103

解析 在定义枚举类型时可以给枚举常量指定整型常数值，未指定值的枚举常量的值是前一个枚举常量的值+1，因为 Ada=100，所以 FORTRAN=102，答案为 C。

2. 以下程序的输出结果为（　　）。[2017 年 9 月]

```
struct st
{
  int x;
  int *y;
} *p;
int dt[4]={10,20,30,40};
struct st aa[4]={ 50,&dt[0],60,&dt[1],70,&dt[2],80,&dt[3] };
main()
{
  p=aa;
  printf("%d\n",++p->x);
  printf("%d\n",(++p)->x);
  printf("%d\n",++( *p->y));
}
```

A. 10	B. 50	C. 51	D. 60
20	60	60	70
20	21	21	31

解析 执行 p=aa,使结构指针指向结构数组 aa,即指向 aa[0]的地址,aa[0].x=50,aa[0].y=&dt[0],第一个输出++p->x 的值,输出的是 51,注意运算符“->”的优先级高于“++”;第二个输出(++p)->x 的值,因为++p 加了括号,所以先将 p 指针下移,即指向 aa[1],再取其中 x 的值 60;第三个输出++(*p->y)的值,此时 *p->y= *(&dt[1])=20,再加 1 即 21。所以答案为 C。

3. 设有以下语句

```
struct st {int n; struct st *next;};
static struct st a[3]={5,&a[1],7,&a[2],9,'\0'}, *p;
p=&a[0];
```

则表达式(　　)的值是 6。[2017 年 4 月]

A. p++->n　　B. p->n++　　C. (*p).n++　　D. ++p->n

解析 因为 p=&a[0],表达式 p++->n 的值为 5,表达式 p->n++的值为 5,表达式(*p).n++的值为 5,表达式++p->n 的值为 6。所以答案为 D。

4. 根据下面的定义,能打印出字母 M 的语句是(　　)。[2016 年 9 月]

A. printf("%c\n",class[3].name);

B. printf("%c\n",class[3].name[1]);

C. printf("%c\n",class[2].name[1]);

D. printf("%c\n",class[2].name[0]);

```
struct person { char name[9]; int age;};
struct person class[10]={"John",17,"Paul",19,"Mary",18,"Adam",16};
```

解析 因为 class[2].name="Mary",class[3].name="Adam",则有 class[2].name[0]='M',class[3].name[1]='d',class[2].name[1]='a',所以答案为 D。

5. 以下程序的输出结果是(　　)。[2016 年 9 月]

A. 0　　B. 1　　C. 3　　D. 6

```
main()
{ struct cmplx { int x; int y; } cnum[2]={1,3,2,7};
printf("%d\n",cnum[0].y /cnum[0].x * cnum[1].x);}
```

解析 cnum[0].y /cnum[0].x * cnum[1].x=3/1*2=6,答案为 D。

6. 若程序中有下面的说明和定义:

```
struct abc
{int x;char y;}
struct abc s1,s2;
```

则会发生的情况是(　　)。[2015 年 9 月]

A. 编译出错

B. 程序将顺利编译连接执行

C. 能顺利通过编译连接但不能执行

D. 能顺利通过编译但连接出错

解析 定义 struct abc 最后漏掉分号,所以答案为 A。

7. 以下程序输出结果是(　　)。[2014 年 9 月]

```
#include <stdio.h>
struct stu
{
   int num;
   char name[10];
   int age;
};
void fun(struct stu *p)
{ printf("%s\n",(*p).name); }
main()
{
   struct stu students[3]={ {9801,"Zhang",20},
                            {9802,"Wang",19},
                            {9803,"Zhao",18} };
   fun(students+2);
}
```

A. Zhang　　B. Zhao　　C. Wang　　D. 18

解析 执行 fun(students+2),将 p 指针指向 students[2],输出 Zhao,答案为 B。

8. 设有以下说明和定义:

```
typedef union{ long i;int k[5];char c; }DATE;
struct date { int cat;DATE cow;double dog; } too;
DATE max;
```

则下列语句的执行结果是(　　)。[2014 年 9 月]

```
printf ("%d",sizeof (struct date)+sizeof(max));
```

A. 26　　B. 30　　C. 18　　D. 8

解析 结构体变量占用空间大小是所有成员占用空间之和，而共同体变量占用的空间大小与各成员中占用空间最大的相同。sizeof(struct date)+sizeof(max)=(2+10+8)+10=30，答案为 B。

9. 以下选项中，能定义 s 为合法的结构体变量的是(　　)。[2013 年 9 月]

A.
```
typedef struct abc
{   double a;
    char b[10];
} s;
```

B.
```
struct
{   double a;
    char b[10];
} s;
```

C.
```
struct ABC
{   double a;
    char b[10];
}
ABC s;
```

D.
```
typedef ABC
{   double a;
    char b[10];
}
ABC s;
```

解析 选项 A 是为结构体类型 struct abc 命名为新的名字 s；选项 C 定义结构体 struct ABC 错误，漏掉分号，并且定义变量必须写成 struct ABC s；选项 D 命名结构体新名时错误；只有选项 B 正确，紧跟无名结构体类型声明后直接定义变量。答案为 B。

10. 以下程序的输出结果是(　　)。[2011 年 3 月]

```
#include <stdio.h>
#include <string.h>
main()
{
  char *p; int i;
  p=(char *)malloc(sizeof(char)*20);
  strcpy(p,"welcome");
  for(i=6;i>=0;i--)
    putchar(*(p+i));
  printf("\n"); free(p);
}
```

解析 程序中定义了指针变量 p，并用 malloc 函数给 p 分配了存储空间，调用函数 strcpy 将指针 p 指向字符串“welcome”，然后用 for 循环逆序输出字符串，最后释放 p 的空间。答案为 emoclew。

思考与练习

一、选择题

1. 若有以下定义,则变量a所占内存字节数是(　　)。

```
union udata{char str[4];int i;long x;};
struct sdata{int c;union udata u;}a;
```

A. 4　　B. 5　　C. 6　　D. 8

2. 设有以下定义:

```
struct sk
{ int a;
  float b;
}data, *p;
```

若有p=&data;,则对data中的a域的正确引用是(　　)。

A. (*p).data.a　　B. (*p).a

C. p->data.a　　D. p.data.a

3. 设有以下说明和定义语句:

```
struct student
{   int age;
    char num[8];
};
struct student stu[3]={{20,"201801"},{21,"201802"},{19,"201803"}};
struct student *p=stu;
```

则以下选项中引用结构体变量成员的表达式错误的是(　　)。

A. (p++)->num　　B. p->num

C. (*p).num　　D. stu[3].age

4. 设有定义"struct {char mark[12];int num1;double num2;} t1,t2;",若变量均已正确赋初值,则以下语句中错误的是(　　)。

A. t1=t2;　　B. t2.num1=t1.num1;

C. t2.mark=t1.mark;　　D. t2.num2=t1.num2;

5. 以下定义枚举正确的语句是(　　)。

A. enum color{red,white,blue};

B. enum color={red=1;white;blue};

C. enum color{"red","white","blue"};

D. enum color{red;white;blue};

6. 设有以下定义：

```
typetef int * INTEGER;
INTEGER p, *q;
```

则以下说法正确的是(　　)。

A. p 是 int 型变量　　B. q 是基类型为 int 的指针变量

C. p 是基类型为 int 的指针变量　　D. 程序中可用 INTEGER 代替 int

7. 已知字符 0 的 ASCII 码的十进制的值是 48，且数组的第 0 个元素在低位，以下程序的输出结果是(　　)。

```
void main()
{ union{int i[2];
  long k;char c[4];
  }r, *s=&r;
  s->i[0]=0x39;
  s->i[1]=0x38;
  printf("%x\n",s->c[0]);
}
```

A. 39　　B. 9　　C. 38　　D. 8

8. 设有以下语句：

```
typedef struct S
{int g;
 char h;
}T;
```

则以下叙述中正确的是(　　)。

A. 可以用 S 定义结构体变量　　B. 可以用 T 定义结构体变量

C. S 是 struct 类型的变量　　D. T 是 struct S 类型的变量

二、编程题

1. 图书馆的图书信息包括：书号、书名、作者、出版社、出版日期、定价等信息。试定义一个结构体类型，声明图书信息的结构体变量 book，从键盘为 book 输入数据，并输出数据。

2. 修改本模块案例程序，设计一个简易高考成绩管理系统。

(1) 编写函数 input，建立考生的信息，以结构体数组存储考生准考证号、姓名、Math(数学)、Chinese(语文)、English(英语)、Synthe(理综或文综)、Total(总分)，输入相关信息并计算学生的总分。

(2) 编写函数 sort，按照总分从高到低排序。

(3) 编写函数 search,按照准考证号和姓名查询。

(4) 编写函数 output,输出考生排名、准考证号、姓名、所有课成绩、总分。

(5) 编写主函数,设计主菜单,根据用户选择调用函数实现相关的操作。先调用函数 input,输入学生信息并计算考生考试科目的总分,调用函数 output 输出考生的信息;调用函数 sort,按总分对考试成绩排序,调用函数 output 输出考生排序后的信息;调用函数 search,输入要查询的准考证号和姓名,若查找成功,输出考生所有信息,否则显示“查找失败”。

模块10 文 件

案例引入——学生宿舍信息管理中的文件访问或存取

任务描述

编写一个C程序,以结构体数组类型存储表10-1中的学生宿舍信息。

表10-1 学生宿舍信息

姓名	学号	班级	宿舍号
Zhao	2031113	20soft1	310
Wang	2051221	20soft3	206
Guo	2071226	20soft6	307

(1) 编写input函数,循环输入每位学生的宿舍信息,将结果保存在“d:\dormitory.dat”文件中。

(2) 编写sort函数从“d:\dormitory.dat”读取数据,按照宿舍号从大到小排序,将排序结果保存到“d:\sort.dat”文件中。

(3) 编写search函数,在dormitory.dat文件或sort.dat文件中查找某位学生的宿舍信息。

(4) 编写主函数,设计菜单,根据用户需要调用相关的函数实现。

思考:尝试从实用的角度设计一个相对完美的成绩管理系统。

任务目标

(1) 能够用结构体数据类型表述客观事物。

(2) 能够熟练运用结构体数组。

(3) 能够熟练创建文本文件和二进制文件。

（4）能够熟练读取文本文件和二进制文件的数据，并进行相关的处理。

（5）培养实际应用程序的编码能力。

源代码展示

```
#include <stdio.h>
#include <string.h>
#include <stdlib.h>
#define N 3
typedef struct dormitory
{
    char name[12];
    char id[7];
    char classid[7];
    int roomid;
}DM;

void input()
{
    int i;
    DM d[N];
    FILE *fp;
    for (i = 0; i < N; i++)
    {
        printf("请输入第%d位同学的姓名:", i + 1);
        scanf("%s", &d[i].name);
        printf("请输入该同学的学号:");
        scanf("%s", &d[i].id);
        printf("请输入该同学的班级:");
        scanf("%s", &d[i].classid);
        printf("请输入该同学的宿舍号:");
        scanf("%d", &d[i].roomid);
    }
    if ((fp = fopen("d:\\domitory.dat", "wb")) == NULL)
    {
        printf("file cannot open\n");
        exit(1);
    }
    fwrite(d, sizeof(DM), N, fp);
    fclose(fp);
```

```
}

void sort( )
{
    int i, j, k;
    DM d[N], t;
    FILE *fp;
    if ((fp = fopen("d:\\domitory.dat", "rb")) == NULL)
    {
        printf("file cannot open\n"); exit(1);
    }
    fread(d, sizeof(DM), N, fp);
    for (i = 0; i < N; i++)
    {
        k = i;
        for (j = i + 1 ; j < N;j++)
                if (d[j].roomid > d[k].roomid) k = j;
        if (i != k)
        {
                t = d[i]; d[i] = d[k]; d[k] = t;
        }
    }
    if ((fp = fopen("d:\\sort.dat", "wb")) == NULL)
    {
        printf("file cannot open\n");
        exit(1);
    }
    fwrite(d, sizeof(DM), N, fp);
    fclose(fp);
}

void search( )
{
    int i;
    DM d[N];
    char n[12];
    FILE *fp;
    if ((fp = fopen("d:\\domitory.dat", "rb")) == NULL)
    {
```

```
        printf("file cannot open\n");
        exit(1);
    }
    fread(d, sizeof(DM), N, fp);
    printf("\n请输入要查询的姓名:");
    scanf("%s", &n);
    for (i = 0; i < N; i++)
    {
        if (strcmp(d[i].name, n) == 0)
        {
            printf("\n姓名:%s\n学号:%s\n班级:%s\n宿舍号:%d\n", d[i].name, d[i].id, d[i].
classid, d[i].roomid);
            break;
        }
    }
    if (i >= N) printf("查无此人\n");
}

int main()
{
    int k;
    while (1)
    {
        system("cls");
        printf("\n\n\n");
        printf("\t\t\t学生宿舍管理系统\n");
        printf("\t\t\t**************************\n");
        printf("\t\t\t1.录入数据\n");
        printf("\t\t\t2.宿舍排序\n");
        printf("\t\t\t3.宿舍查询\n");
        printf("\t\t\t4.退出系统\n");
        printf("\t\t\t请输入您的选择(1-4):");
        scanf("%d", &k);
        printf("\n");
        switch(k)
        {
            case 1:input(); break;
            case 2:sort(); break;
            case 3:search();system("pause");break;
```

```
            case 4:return 0;
        }
    }
    getchar();
}
```

运行结果

程序运行结果如图 10-1、图 10-2 所示。

图 10-1 “学生宿舍管理中的文件访问或存取”中“录入数据”程序运行结果

图 10-2 “学生宿舍管理中的文件访问或存取”中“宿舍查询”程序运行结果

程序分析

函数 input 将一组学生宿舍信息输入，然后将数据用 fwrite 函数写到文件“d:\dormitory.dat”中；函数 sort 先从“d:\dormitory.dat”文件中用 fread 函数读出数据，然后按宿舍排序，并将排序结果保存到“d:\sort.dat”中 ；函数 search 从“d:\dormitory.dat”读取数据，比较查询数据；主函数根据选择进行录入、排序及查询操作。录入和排序只要执行一次，信息就保存在文件中，所以以后可以随时查询访问，当然再一次录入的话，将更新数据。程序设计一定要理清设计的思路，然后把每个模块详细实现即可。

知识讲解

到目前为止，为程序提供数据的方式有两种：一是使用赋值语句，二是根据实际需要从键盘输入，程序的运行结果也只能在显示器上显示。但对于实用的管理信息系统来说，它面对的数据信息十分庞大，仅依赖于键盘的输入和显示输出是完全不够的。大部分情况下，原始数据、中间处理数据以及结果数据都需要存档以备查阅与重复利用。通常情况下，解决问题的办法是将数据以文件的形式记录在某些介质上，利用这些介质的存储特性，可以使程序和数据分离，增加程序复用性，也可以长久保存数据。本模块将学习文件的概念、文件的读/写等操作。

10.1 文件概述

文件是程序设计中一个重要的概念，是一组相关数据的集合。如今大都把文件存储在磁盘上，因此也称为磁盘文件。操作系统是以文件为单位对数据进行管理的。为了区分不同的文件，每个文件都有一个文件名。文件的存取是按文件名进行的，当要读取文件中的数据时，必须先指出文件名及其位置，再按文件位置找到文件，然后才能读取其中的数据。当需要将一批数据保存起来时，也必须先确定保存的位置及文件名，然后才能向它输出数据。

10.1.1 文件的概念

文件通常是指存储在外部存储介质上的数据的集合。在 C 语言程序设计中，按文件的内容可以将其分为两类：程序文件和数据文件。存储程序代码的文件称为程序文件，存储数据的文件称为数据文件。

1. 文件的读和写

在程序中，当调用输入函数从外部文件中输入数据赋给程序中的变量时，这种操作称为“输入”或“读”；当调用输出函数把程序中变量的值输出到外部文件中时，这种操作称为“输出”或“写”。

2. 流式文件

“流”可以解释为流动的数据及其来源和去向，并将文件看成承载数据流动所产生的结果的媒介。而对文件的读写就看成是在“文件流”中取出或存入数据。在 C 语言中，对于输入和输出的数据都按“数据流”的形式进行处理。

3. 文本文件和二进制文件

文本文件也称为 ASCII 文件，是一种字符流文件。当输出时，数据转换成一串字符，每个字符以字符的 ASCII 码存储到文件中，一个字符占一字节。文本文件的结束标志在头文件 stdio. h 中定义为 EOF(值为-1)，可对其进行检测。文本文件的优点是可以用各种文本编辑器直接阅读，但文本文件占用存储空间较多，计算机进行数据处理时需要转换为二进制形式，程序效率比较低。

二进制文件是把内存中的数据按其在内存中的存储形式存放到磁盘上，是一种二进制流文件。二进制文件占用存储空间少，数据可以不必转换直接在程序中使用，程序执行效率高。

文本文件和二进制文件不是用后缀来确定的，而是以内容来确定的，但是文件后缀往往隐含其类别，如 *.txt 代表文本文件，*.doc，*.bmp，*.exe 一般是二进制文件。

4. 顺序存取文件和随机存取文件

顺序存取文件的特点是，每当打开此类文件进行读写操作时，总是从文件的开头开始，从头到尾顺序地读或写。

直接存取文件又称为随机存取文件，其特点是，可以通过调用 C 语言的库函数指定开始读或写的字节号，然后直接对此位置上的数据进行读，或把数据写到此位置上。

5. 缓冲区文件

ANSI 标准规定，在对文件进行输入或输出时，系统将为输入或输出文件开辟缓冲区。缓冲区是系统在内存中为各文件开辟的一片存储区。当对某个文件进行输出时，系统首先把输出的数据填入为该文件开辟的缓冲区内，当缓冲区被填满时，就把缓冲区的内容一次性地输出到对应文件中；当从某个文件输入数据时，将从输入文件中输入一批数据放入该文件的缓冲区中，输入数据将从缓冲区中依次读取数据，当该缓冲区中的数据被读完时，将再从输入文件中输入一批数据放入。这种方式使得读、写操作不必频繁地访问外设，从而提高了读、写操作速度。

10.1.2 文件指针

在缓冲文件系统中，关键的概念是文件指针，每个被使用的文件都在内存中开辟一个区，用来存放文件的有关信息(如文件的名字、文件状态和文件当前位置等)。文件指针实际上是指向一个结构体类型的指针。在头文件 stdio. h 中，通过 typedef 把此结构体定义名为 FILE，用于存放文件当前的有关信息。程序使用一个文件，系统就为此文件开辟一个 FILE 类型变量。程序使用几个文件，系统就开辟几个 FILE 类型变量，存放各个文件的相关信息。

通常对 FILE 结构体的访问是通过 FILE 类型指针变量(文件指针)完成的，文件指针变量指向文件类型变量，简单地说，文件指针指向文件。

定义文件指针变量的一般形式如下。

```
FILE *指针变量名;
```

例如:

```
FILE *fp1, *fp2;
```

事实上只需要使用文件指针完成文件的操作,根本不必关心文件类型变量的内容。在打开一个文件后,系统开辟一个文件变量并返回此文件的文件指针,将此文件指针保存在一个文件指针变量中,以后所有对文件的操作都通过此文件指针变量完成,直到关闭文件,文件指针指向的文件类型变量释放。

10.2 文件的基本操作

在 C 语言中,对文件的基本操作包括文件的建立、文件的打开与关闭、文件的读和写等。由于输入/输出函数的信息包含在头文件<stdio. h>中,因此在使用输入/输出函数时,首先要在程序的开头包含头文件<stdio. h>。

10.2.1 文件的打开和关闭

1. 文件的打开

文件打开后才能进行操作,文件打开通过调用 fopen 函数实现。

调用 fopen 函数的格式如下。

```
FILE *fp;
fp=fopen("文件名","文件操作方式");
```

例如:

```
FILE *fp;
fp=fopen("d:\\a1.txt","r");
```

表示要打开 d:\a1. txt 文件,使用文件方式为“读入”,fopen 函数带回指向 a1 文件的指针并赋给 fp,这样 fp 就和 a1 相联系了,或者说 fp 指向 a1 文件。

文件操作方式说明如下。

(1) r 方式,为读打开文本文件。只能从文件读数据而不能向文件写入数据。该方式要求欲打开的文件已经存在。

(2) rb 方式,为读打开二进制文件。其余功能与 r 同。

(3) w 方式,为写而打开文本文件。只能向文件写入数据而不能从文件读数据。如果文件不存在则创建文件,如果文件存在则原文件被删除,重新创建文件(覆盖原文件)。

(4) wb 方式,为写打开二进制文件,可以在指定位置进行写操作,其余功能与 w 同。

(5) a 方式,为在文件后面添加数据而打开文本文件。如果指定文件不存在,系统将用在 fopen 调用中指定的文件名建立一个新文件;如果指定文件已存在,则文件中原有的内容将保存,新的数据写在原有内容之后。

(6) ab 方式,为在文件后面添加数据而打开二进制文件。其余功能与 a 同。

(7) r+方式,为读/写而打开文本文件。用这种方式时,指定的文件应当已经存在,既可以对该文件进行读,也可对该文件进行写。只是对于文本文件来说,读和写总是从文件的起始位置开始。在写新的数据时,只覆盖新数据所占的空间,其后的原数据并不丢失。

(8) rb+方式,为读/写而打开二进制文件。功能与 r+同,只是在读和写时,可以由位置函数设置读和写的起始位置,即不一定从文件的起始位置开始读和写。

(9) w+方式,以读/写方式打开一个文本文件。如果文件不存在,则建立新文件,这时应该先向文件写入数据,然后才可以读出数据。如果文件已经存在,新写入的数据将取代原有的内容。

(10) wb+方式,功能与 w+相同,只是在随后的读和写时,可以由位置函数设置读和写的起始位置。

(11) a+方式,功能与 a 相同,只是在文件尾部添加新的数据后,可以从头开始读。

(12) ab+方式,功能与 a+相同,只是在文件尾部添加新的数据后,可以由位置函数设置开始新的起始位置。

无论哪种文件操作方式,函数都返回一个 FILE 类型的指针。如果文件打开正确,fopen 函数的返回值就是文件在内存中的起始地址,若将该地址赋给文件指针 fp,就在打开文件和文件指针 fp 之间建立起了联系,此后对文件的操作就可以通过文件指针进行,而不再使用文件名。如果文件没有被成功打开,那么函数将返回 NULL。

为确保文件操作的正常进行,有必要在程序中检测文件是否正常打开。常用下面的程序段来打开一个文件,并检查是否打开成功。

```
FILE *fp;
if((fp=fopen("d:\\user\\text1.txt","r"))==NULL)
{
  printf("file can not open! \n");
  exit(1);
}
```

该程序段调用了 fopen 函数,以只读的方式打开文件 d:\user\test1.txt。打开后,其返回值赋给 fp。如果打开失败,则输出信息"file can not open!",然后调用函数 exit,终止程序运行。exit 函数也定义在头文件<stdio.h>中。如果打开成功,fp 就指向该文件,就可以通过 fp 对文件进行相应的操作。

打开文件后,文件内部指针指向文件中的第 1 个数据,当读取了它所指向的数据后,指针会自动指向下一个数据。当向文件写入数据时,写完后指针也是自动指向下一个要写入数据的位置。

2. 文件的关闭

文件使用完毕后必须关闭，养成在程序终止前关闭所有文件的习惯，以避免数据丢失。关闭文件可调用函数 fclose 来实现。

fclose 函数的格式如下。

```
fclose(文件指针);
```

例如：

```
fclose(fp);
```

当文件成功关闭时，函数返回 0，否则返回非 0。

10.2.2　字符读/写函数

1. 写字符函数 fputc

写字符函数 fputc 实现向指定的文本文件写入一个字符的操作。

调用写字符函数 fputc 的格式如下。

```
fputc(要输出的字符,文件指针);
```

其中，“要输出的字符”就是要往文件上写入的字符，它可以是一个字符常量，也可以是字符变量。“文件指针”是接收字符的文件。若输出成功函数返回输出的字符，输出失败返回 EOF(-1)。每次写入一个字符，文件位置指针自动指向下一字节。

【例 10-1】 从键盘输入一个字符串，将其保存到“d:\shixun\text1. txt”中。

程序代码如下。

```
#include <stdio.h>
#include <stdlib.h>
main()
{
  FILE *fp;
  int k;
  char str[81];
  gets(str);
  if((fp=fopen("d:\\shixun\\text1.txt","w"))==NULL)
  {
    printf("file can not open! \n");
    exit(1);
  }
  for(k=0;str[k]!='\0';k++)
  fputc(str[k],fp);
  fclose(fp);
}
```

2. 读字符函数 fgetc

读字符函数 fgetc 用于从指定的文本文件中读取一个字符。

调用 fgetc 函数的格式如下。

```
fgetc(文件指针);
```

函数返回值为输入的字符,若遇到文件结束或出错,则返回 EOF(-1)。

关于读字符函数说明如下。

(1) 每次读入一个字符,文件位置指针自动指向下一字节。

(2) 文本文件的内部全部是 ASCII 字符,其值不可能是 EOF(-1),所以可以使用 EOF(-1)确定文件结束;但是对于二进制文件不能这样做,因为可能在文件中间某字节的值恰好等于-1,如果此时使用-1 判断文件结束是不恰当的。为了解决这个问题,ANSI C 提供了 feof(fp)函数判断文件是否真正结束。

【例 10-2】 将【例 10-1】保存到 text1.txt 中的内容读出并显示。

程序代码如下。

```
#include <stdio.h>
#include <stdlib.h>
main()
{
  FILE *fp;
  char ch;
  if((fp=fopen("d:\\shixun\\text1.txt","r"))==NULL)
  {
    printf("file can not open! \n");
    exit(1);
  }
  while(!feof(fp))
  {
    ch=fgetc(fp);
    putchar(ch);
  }
  fclose(fp);
}
```

10.2.3 数据块读/写函数

fgetc 函数和 fputc 函数可以用来读/写文件中的一个字符,但是常常要求一次读入一组数据,如从文件(特别是二进制文件)读/写一块数据(如数组中的元素或结构体变量的数据等)，这时使用数据块读/写函数非常方便。

调用数据块读/写函数的语法格式分别如下。

```
int fread( void  * buffer, int size, int count, FILE  * fp);
int fwrite( void  * buffer, int size, int count, FILE  * fp);
```

其中：

(1) buffer 是指针，对 fread 是用于存放读入数据的首地址，对 fwrite 是要输出数据的首地址。

(2) size 是一个数据块的字节数(每块大小)，count 是要读写的数据块块数。

(3) fp 是文件指针。

(4) fread、fwrite 返回读取/写入的数据块块数(正常情况=count)。

(5) 以数据块方式读写，文件通常以二进制方式打开。

例如，如果有一个如下定义的结构体类型。

```
struct student
{ char num[10];
  char name[20];
  char sex;
  float score;
  char addr[30];
}stud[40];
```

结构体数组 stud 有 40 个元素，每个元素存放一个学生的信息。假设学生的数据已经存放在磁盘文件中，可以用以下 fread 函数读入 40 个学生的数据。

```
fread(stud,sizeof(struct student),40,fp);
```

【例 10-3】 把数组中的 10 个数据写入二进制文件"d:\shixun\text3.dat"中，然后读出并显示在屏幕上。

程序代码如下。

```
#include <stdio.h>
#include <stdlib.h>
#include <conio.h>
main()
{
  FILE * fp;
  int a[10]={1,2,3,4,5,6,7,8,9,10},b[10],i;
  if((fp=fopen("d:\\shixun\\text3.dat","wb"))==NULL)
  {
```

```
        printf("file can not open! \n");
        exit(1);
    }
    fwrite(a,sizeof(int),10,fp);
    fclose(fp);
    if((fp=fopen("d:\\shixun\\text3.dat","rb"))==NULL)
    {
        printf("file can not open! \n");
        exit(1);
    }
    fread(b,sizeof(int),10,fp);
    fclose(fp);
    printf("\n");
    for(i=0;i<10;i++)
        printf("%d",b[i]);
    getch();
}
```

10.2.4 其他读/写函数

1. 字符串读/写函数

1）写字符串函数

写字符串函数 fputs 用于将一个字符串写入指定的文本文件中。

fputs 函数的调用格式如下。

```
fputs(字符串,文件指针);
```

例如,“fputs("China",fp);”将字符串“China”写到 fp 所指的文件中。fputs 函数中第一个参数可以是字符串常量、字符数组名或字符型指针,字符串末尾的 '\0' 不写进去。若成功函数值为 0,失败时函数值为 EOF。

2）读字符串函数 fgets

读字符串函数 fgets 用于从指向的文本文件中读取字符串。

fgets 函数的调用格式如下。

```
fgets(字符指针,输入字符个数,文件指针);
```

例如,“fgets(str,n,fp);”从文件指针 fp 所指向的文件中一次最多读取 n-1 个字符,并将这些字符放到以 str 为起始地址的单元中。如果在读入 n-1 个字符结束前遇到换行符或 EOF,读入结束。字符串读入后最后加一个 '\0' 字符。fgets 函数的返回值为 str 的首地址。

2. 格式读/写函数

格式读/写函数 fscanf()、fprintf()与 scanf()、printf()函数的功能相似,都是格式化读写函数。格式读/写函数是从文件中读取指定格式的数据或把指定格式的数据写入文件。因此,这是按数据格式要求的形式进行的文件输入/输出。

函数的调用形式如下。

```
fscanf(文件指针,格式控制字符串,输入地址表列);
fprintf(文件指针,格式控制字符串,输出表列);
```

例如,若文件指针 fp 已指向一个已打开的文本文件,a、b 分别为整型变量,则以下语句实现从 fp 所指的文件中读入两个整数放入变量 a 和 b 中。

```
fscanf(fp,"%d%d",&a,&b);
```

同样,若文件指针 fp 已指向一个已打开的文本文件,x、y 分别为整型变量,则以下语句实现把 x 和 y 中的数据按%d 格式输出到 fp 所指的文件中。

```
fprintf(fp,"%d%d",x,y);
```

10.3 文件定位函数

前面介绍的对文件的读/写方式都是顺序读/写,即读/写文件只能从头开始,顺序读/写数据。但在实际问题中常常要求只读/写文件中某一指定部分。为了解决这个问题,可移动文件指针到需要读/写的位置,再进行读/写。文件定位当前的读/写位置的函数有两个,即 rewind 函数和 fseek 函数。

10.3.1 rewind 函数

rewind 函数用于使文件位置指针重返文件的开头。其调用格式如下。

```
rewind(文件指针);
```

【例 10-4】 有一个文本文件,第一次使它显示在屏幕上,第二次把它复制到另外一个文件中。

程序代码如下。

```
#include<stdio.h>
#include<stdlib.h>
main()
{
  FILE *fp1, *fp2;
  fp1 = fopen("string1.txt", "r");
```

```
    fp2 = fopen("string2.txt", "w");
    while(! feof(fp1))
      putchar(getc(fp1));
    rewind(fp1);
    while(! feof(fp1]))
      putc(getc(fp1).fp2);
    fcloseall();
}
```

10.3.2 fseek 函数

fseek 函数用于移动文件读/写文件指针,以便随机读/写,一般用于二进制文件。其语法格式如下。

```
fseek(FILE *fp,long offset,int whence);
```

其中:

(1) fp 是文件指针。

(2) offset 是以字节为单位的偏移量。从计算起始点开始再偏移 offset,得到新的文件指针位置。offset 为正,向后偏移;offset 为负,向前偏移。

(3) whence 用于计算起始点(计算基准)。计算基准如表 10-2 所示。

表 10-2　“起始点”的取值表

符号常量	值	含　义
SEEK_SET	0	文件首
SEEK_CUR	1	文件指针当前位置
SEEK_END	2	文件尾

【例 10-5】 编程,读出文件 dormitory.dat 中第三个学生的数据。程序代码如下。

```
#include<stdio.h>
#include<stdlib.h>
typedef struct dormitory
{
  char name[12];
  char id[7];
  char classid[7];
  int roomid;
}
```

```
main( )
{
  struct dormitory dormit;
  FILE *fp;
  int i=2;
  if((fp=fopen("dormitory.dat", "rb")) == NULL)
  {
    printf("file cannot open\n");
    exit(1);
  }
  fseek(fp, i * sizeof(struct dormitory).SEEK_SET);
  if(fread(&dormit.sizeof<struct dormitory),1,fp) == 1)
  {
    printf (" %s, %s, %s, %d \n", dormit.name, dormit.id, dormit.classid, dormit.roomid);
  }
  else
    prinrf("record 3 does not present.  \n");
  fclose(fp);
}
```

等级考试重难点与真题解析

本模块主要考查文件打开与关闭、文件读写、文件定位等。此部分知识属于 C 语言程序设计提高部分，相对较难。应该理解性地掌握文件的读写操作。另外，对于文件的定位也不能忽视。

一、 重难点解析

1. 文件的打开与关闭

C 语言规定，对文件读写之前应该打开，在使用结束之后应该关闭。

用 fopen 函数打开一个文件，其调用的一般形式为：

```
文件指针名=fopen(文件名,使用文件方式);
```

其中，“文件指针名”必须是用 FILE 类型定义的指针变量；“文件名”是被打开文件的文件名字符串常量或该串的首地址值；“使用文件方式”是指文件的类型和操作要求，通常有“r”“w”“a”“rb”“wb”“ab”“r+”“w+”“a+”“rb+”“wb+”“ab+”等字符串，请熟悉每个字符串代表的意义。

注意书写“文件名字符串”时，常常要描述文件路径，其中的反斜杠必须用“\\”表示。

打开文件后，文件内部指针指向文件中的第 1 个数据，当读取了它所指向的数据后，指针会自动指向下一个数据。当向文件写入数据时，写完后指针也是自动指向下一个要写入数据的位置。

2. 文件的读写

1）fgetc、fputc 函数

fgetc 函数是从指定的文件中读出一个字符，其一般调用形式为：

```
ch= fgetc(fp);
```

fputc 的函数是把一个字符写到文件中去，其一般调用形式为：

```
fputc(ch,fp);
```

2）fread、fwrite 函数

fread 函数用来一次读入一组数据，fwite 函数用来一次向文件中写一组数据。调用格式分别为：

```
fread(buffer,size,count,fp);
fwrite(buffer,size,count,fp);
```

其中，buffer 是一个指针，在 fread 函数中，它表示存放数据的首地址；在 fwrite 函数中，它表示输出数据的首地址。size 表示数据块的字节数。count 表示要读写的数据块的块数。fp 则是文件指针。

3. 文件的定位

移动文件内部位置指针的函数主要有两个，即 rewind 和 fseek 函数。rewind 函数的功能是把文件内部的位置指针移到文件首。fseek 函数可以改变文件位置的指针。调用形式为：

```
rewind(文件指针);
fseek (文件指针,位移量,起始点);
```

其中，“位移量”表示移动的字节数，要求位移量是 long 型数据，以便在文件长度大于 64 KB 时不会出错。“起始点”表示从何处开始计算位移量，规定的起始点有 3 种：文件首（SEEK_SET，值为 0）、文件指针当前位置（SEEK_CUR，值为 1）和文件尾（SEEK_END，值为 2）。

二、真题解析

1. 标准函数 fgets(s,n,f) 的功能是(　　)。[2017 年 9 月]

A. 从文件 f 中读取长度为 n 的字符串存入指针 s 所指的内存

B. 从文件 f 中读取长度不超过 $n-1$ 的字符串存入指针 s 所指的内存

C. 从文件 f 中读取 n 个字符串存入指针 s 所指的内存

D. 从文件 f 中读取长度为 $n-1$ 的字符串存入指针 s 所指的内存

解析 fgets 函数的功能是从文件指针 fp 所指向的文件中一次最多读取 $n-1$ 个字符，如果在读完 $n-1$ 个字符之前遇到换行符或 EOF，读入即结束，并将这些字符放到以 str 为起始地址的单元中。答案为 B。

2. 若 fp 是指向某文件的指针，且已读到该文件的末尾，则 C 语言函数 feof(fp)的返回值是(　　)。[2016 年 9 月]

A. EOF　　B. -1　　C. 非零值　　D. NULL

解析 feof(fp)遇到文件结束符返回非零值，答案为 C。

3. 设 fp 已定义，执行语句“fp=fopen("file","w");”后，以下针对文本文件 file 操作叙述的选项中正确的是(　　)。[2011 年 3 月]

A. 写操作结束后可以从头开始读　　B. 只能写不能读

C. 可以在原有内容后追加写　　D. 可以随意读和写

解析 语句“fp=fopen("file","w");”，文件使用方式是“w”，所以只写打开或新建一个文本文件，只能写入数据。答案为 B。

4. 以下程序执行后，abc.dat 文件的内容是(　　)。[2008 年 9 月]

```
#include <stdio.h>
main()
{
  FILE *pf;
  char *s1="China", *s2="Beijing";
  pf=fopen("abc.dat","wb+");
  fwrite(s2,7,1,pf);
  rewind(pf);
  fwrite(s1,5,1,pf);
  fclose(pf);
}
```

A. China　　B. Chinang　　C. ChinaBeijing　　D. BeijingChina

解析 该知识点考查的是几个文件指针函数。fwrite(s2,7,1,pf)表示把从地址 s2 开始的 7 个字符写到 pf 所指的文件中，即把“Beijing”写到了文件中；rewind(pf)表示把文件的位置移动到文件的开头;fwrite(s1,5,1,pf)表示把从地址 s1 开始的 5 个字符写到 pf 所指的文件中,即又把“China”写到文件中,于是覆盖了 s2 所指字符串的前 5 个字符,所以最后文件中的内容是“Chinang”。答案为 B。

5. 以下程序的输出结果是(　　)。[2011 年 3 月]

```
main()
{
  FILE *fp; int x[6]={1,2,3,4,5,6},i;
  fp=fopen("test.dat","wb");
  fwrite(x,sizeof(int),3,fp);
  rewind(fp);
  fread(x,sizeof(int),3,fp);
  for(i=0;i<6;i++)
  printf("%d",x[i]);
    printf("\n");
  fclose(fp);
}
```

解析 注意 fp 只是以写的方式打开文件 test.dat,所以执行 fwrite 后,将 x 中 3 个数据依次写到文件中,然后执行 rewind(fp)又使指针移到文件首,但后面的 fread 并不执行。所以输出的 x 还是原来的数据,即 123456。答案为 123456。

思考与练习

一、选择题

1. 以下(　　)操作后,文件的指针不指向文件首。

A. rewind(fp);　　B. fseek(fp,0L,0);

C. fseek(fp,0L,2);　　D. fopen("f.c","r");

2. 使用 fopen 函数打开一个文件时,读写指针(　　)。

A. 一定在文件首　　B. 一定在文件尾

C. 不确定　　D. 可能在文件首,也可能在文件尾

3. 若 fp 是指向某文件的指针,且已读到文件末尾,则库函数 feof(fp)的返回值是(　　)。

A. EOF　　B. -1　　C. 非零值　　D. NULL

4. 在 C 语言中,可把整型数以二进制形式存放到文件中的函数是(　　)。

A. fprintf　　B. fread　　C. fwrite　　D. fputc

5. 若打开文件为了先读后写,则打开方式应选择(　　)。

A. r　　B. r+　　C. w+　　D. w

6. C 语言中,能识别处理的文件为(　　)。

A. 文本文件和数据块文件　　B. 文本文件和二进制文件

C. 流文件和文本文件　　D. 数据文件和二进制文件

二、编程题

1. 编写程序,从键盘上输入一行字符,形成一个名为"text. dat"的文件,存于指定的目录下。

2. 在一个文本文件中有若干句子,要求将它读入内存,然后在输出到另一个文件时使一个句子单独为一行。

3. 将 10 名职工的信息从键盘输入,送入文件 workers. rec 中保存,然后从文件中输出职工信息。设职工信息包括工号、姓名、性别、年龄和工资。

4. 修改本模块案例程序,设计一个"高考成绩管理系统",学生信息增加"准考证号"。

(1) 修改 search 函数,查询条件增加验证"准考证号",在排序后的文件中折半查找。

(2) 添加两个输出模块,分别实现录入数据后结果显示及排序后结果显示。

附 录

附录 1 常用字符的 ASCII 码对照表

常用字符的 ASCII 码对照表如附表 1-1 所示。

附表 1-1　　　　常用字符的 ASCII 码对照表

ASCII 码	字　符	ASCII 码	字　符	ASCII 码	字　符	ASCII 码	字　符
27	ESC	32	SPACE	33	!	34	"
35	#	36	$	37	%	38	&
39	'	40	(	41	)	42	*
43	+	44	,	45	-	46	.
47	/	48	0	49	1	50	2
51	3	52	4	53	5	54	6
55	7	56	8	57	9	58	:
59	;	60	<	61	=	62	>
63	?	64	@	65	A	66	B
67	C	68	D	69	E	70	F
71	G	72	H	73	I	74	J
75	K	76	L	77	M	78	N
79	O	80	P	81	Q	82	R
83	S	84	T	85	U	86	V
87	W	88	X	89	Y	90	Z
91	[	92	\	93	]	94	^
95	_	96	`	97	a	98	b
99	c	100	d	101	e	102	f
103	g	104	h	105	i	106	j
107	k	108	l	109	m	110	n
111	o	112	p	113	q	114	r
115	s	116	t	117	u	118	v
119	w	120	x	121	y	122	z
123	{	124	|	125	}	126	~

附录 2　C 语言标准库函数

标准 C 提供了大量的标准库函数,根据功能不同,声明于不同的头文件中。这些库函数在 C++中也能使用。下面分类列举了一些 C 语言常用库函数,由于篇幅所限,只列出函数名字及其作用,调用函数的时候请注意函数参数及函数返回值类型。

一、数学函数

调用数学函数时,要求在源文件中包含命令行"#include "math. h""。常用的数学函数如附表 2-1 所示。

附表 2-1　　常用的数学函数

函数名	函数原型	功能
abs	int abs(int x);	求整型数 x 的绝对值
sin	double sin(double x);	求 x(弧度)的正弦
cos	double cos(double x);	求 x(弧度)的余弦
fabs	double fabs(double x);	求浮点数 x 的绝对值
ceil	int ceil(int x);	求不小于 x 的最小整数
floor	int floor(int x);	求不大于 x 的最大整数
log	double log(double x);	求 x 的自然对数
log10	double log10(double x);	求 x 的对数(底为 10)
pow	double pow(double x,double y);	求 x 的 y 次方
sqrt	double sqrt(double x);	求 x 的平方根

二、字符函数

调用字符函数时,要求在源文件中包含命令行"#include "ctype. h""。常用的字符函数如附表 2-2 所示。

附表 2-2　　常用的字符函数

函数名	函数原型说明	功能
isdigit	int isdigit(int c);	判断 c 是否是数字字符
isalpha	int isalpha(int c);	判断 c 是否是一个字母
isalnum	int isalnum(int c);	判断 c 是否是一个数字或字母
isspace	int isspace(int ch);	判断 ch 是否为空格、制表或换行符
islower	int islower(int c);	判断 c 是否是一个小写字母
isupper	int isupper(int c);	判断 c 是否是一个大写字母
toupper	int toupper(int c);	如果 c 是一个小写字母,则返回其大写字母
tolower	int tolower(int c);	如果 c 是一个大写字母,则返回其小写字母

三、 字符串操作函数

调用字符串函数时,要求在源文件中包含命令行"#include "string. h""。常用的字符串操作函数如附表 2-3 所示。

附表 2-3 常用的字符串操作函数

函 数 名	函数原型说明	功　　能
strchr	char * strchr(char * s,int c);	如果 s 中包含字符 c,则返回一个指向 s 第一次出现的该字符的指针,否则返回 NULL
strstr	char * strstr(char * s1,char * s2);	如果 s2 是 s1 的一个子串,则返回一个指向 s1 中首次出现 s2 的位置的指针,否则返回 NULL
strlwr	char * strlwr(char * s);	将 s 中的字母都变成小写
strupr	char * strupr(char * s);	将 s 中的字母都变成大写
strcpy	char * strcpy(char * s1,char * s2);	将字符串 s2 的内容拷贝到 s1 中去
strcat	char * strcat(char * s1,char * s2);	将字符串 s2 添加到 s1 末尾
strcmp	int strcmp(char * s1,char * s2);	比较两个字符串,如果返回值小于 0,则说明 s1 按字典顺序在 s2 前面;返回值等于 0,则说明两个字符串一样;返回值大于 0,则说明 s1 按字典顺序在 s2 后面
strlen	int strlen(const char * string);	计算字符串的长度
strrev	char * strrev(char * string);	将字符串 string 前后颠倒

四、 其他常用函数

附表 2-4 中的函数可以完成将字符串转换为整数或将整数转换成字符串等功能,还有随机函数等,它们定义在 stdlib. h 中。

附表 2-4 其他常用函数

函 数 名	函数原型说明	功　　能
atoi	int atoi(char * s);	将字符串 s 里的内容转换成一个整型数返回
atof	double atof(char * s);	将字符串 s 中的内容转换成浮点数
itoa	char * itoa (int value, char * string, int radix);	将整型值 value 以 radix 进制表示法写入 string
rand	int rand(void);	返回 0~32 767 的随机数
srand	void srand(seed);	为 rand 函数生成的伪随机数序列设置起点种子值
time	time_t time(time_t * time);	返回系统当前日历时间,调用时可使用空指针

参考文献

[1] 王瑞红. C语言程序设计项目教程[M]. 北京:机械工业出版社,2017.
[2] 杜恒. C语言程序设计:理实一体化教程[M]. 北京:机械工业出版社,2017.
[3] 苏小红,王宇颖,孙志岗. C语言程序设计[M]. 3版. 北京:高等教育出版社,2015.
[4] 何亦琛,古万荣. C语言程序设计从入门到精通[M]. 北京:电子工业出版社,2018.
[5] 任志宏,徐广宇. C语言程序设计实践教程[M]. 北京:清华大学出版社,2017.
[6] 李丹程,刘莹,那俊. C语言程序设计案例实践[M]. 2版. 北京:清华大学出版社,2018.